組織と個人の
リスクセンスを
鍛える
リスクセンス検定® テキスト

特定非営利活動法人リスクセンス研究会 編著

化学工業日報社

発刊にあたって

　リスクセンス研究会は、組織および人の行動に係るリスクへのセンスを
向上させる活動を通じ、組織の目的を効率よく達成するリスクマネジメン
ト法の開発研究を行っています。現在の活動の中心は、組織運営に関する
オペレーションとコンプライアンスに関するリスクへのセンスを向上させ
る普及活動で、2008年から3年間行った東京大学環境安全本部（2010
年度は環境安全研究センター）と2011年から3年間行った東京工業大学
総合安全管理センターとの「組織行動と組織の健全性診断システムの開発」
の研究成果（独立行政法人 日本学術振興会　科学研究費補助金による助
成研究）を基礎としています。

　提案している組織内で起きるエラーや事故、不祥事等の発生メカニズム
「防護壁モデル」に基づいた事故等の再発および未然防止法は、モノづく
り分野とIT分野では普及段階、オフィス分野では実践段階、医療分野で
は試行段階にあります。

　リスクセンス※を向上させるために現状のリスクセンスを測定するリス
クセンス検定®、その測定結果を基に弱みを強化するための教育・研修セ
ミナー、測定結果を基にリスクセンスを向上させるためのコンサルタント
業務およびこれらの活動に係る出版に関する業務を展開しています。

　本書は、モノづくり分野向けの『リスクセンスで磨く異常感知力―組織
と個人でできる11の行動（化学プラント編）』（化学工業日報社）を基に、
Webリスクセンス検定®公式テキスト『個人と組織のリスクセンスを鍛
える―「LCB式組織の健康診断®」法の活用』（大空社）を改訂したものです。

　リスクセンス検定®受検者はもとより、「リスク感性」や「危険感受性」
を磨こうとされている方々が、本書を活用され、身の周りのリスク低減や

自らが所属している組織の組織事故を無くし、組織の健全性と生産性の向上に活かされることを期待しています。

※:リスクセンスとは組織を健全に運営し、リスクを最小にしていくために必要な知識・判断力・業務遂行力を総称したものをいう

2016年4月

特定非営利活動法人　リスクセンス研究会

目　　次

発刊にあたって

第1章　リスクに強い組織に向けて ……………… 1

<リスクに強い組織> ………………………………………… 1

［本書の読み方・活用法］ …………………………………… 3

　（1）本書の構成 …………………………………………… 3

　（2）実務の中で実践するために ………………………… 4

　（3）「11のLCBの診断項目」を身近に ………………… 6

第2章　リスクセンスで組織事故を防ぐ ……………… 7

2.1　組織事故の発生メカニズムを解く ………………… 7

2.2　LCB式組織の健康診断®法 ………………………… 8

　2.2.1　「スイスチーズ」モデルからの工夫 ………… 8

　2.2.2　防護壁とした11項目の組織要因の概要 ……… 10

2.3　防護壁とは日常守っているルール …………………… 12

2.4　組織事故を防ぐには ………………………………… 13

第3章　リスクセンスを身に付ける (Learning) … 17

3.1　L1：リスク管理（リスクを知る）………………… 18

(5)

3.1.1 リスクを知る……………………………… 19

3.1.2 リスク評価…………………………………… 20

　⊙リスクセンス検定　練習問題 **1**〜**3**

3.2 L2：学習態度（水平展開）……………………… 26

3.2.1 なぜ同じような失敗が繰り返されるか……………… 27

3.2.2 事故などの原因追及は組織の運営要因まで行う………… 27

3.2.3 事故などを起こしてはいけないという意識を希薄に

しないために………………………………… 29

　⊙リスクセンス検定　練習問題 **4**〜**6**

3.3 L3：教育・研修 ……………………………… 36

3.3.1 理論に基づいた教育内容…………………… 37

　⊙リスクセンス検定　練習問題 **7**〜**9**

第4章　リスクセンスを保つ（Capacity）……… 45

4.1 C1：モニタリング組織 …………………………… 47

　⊙リスクセンス検定　練習問題 **10**〜**12**

4.2 C2：監　査 ………………………………… 56

4.2.1 監査のレベルアップ(1)−複数の監査の実施 ………… 57

4.2.2 監査のレベルアップ(2)−専門性を持った人による監査 … 57

4.2.3 監査のレベルアップ(3)−リスクアプローチ法 ……… 57

　⊙リスクセンス検定　練習問題 **13**〜**15**

4.3 C3：内部通報制度 ………………………………… 64

4.3.1 内部通報制度を機能させるために……………… 65

　⊙リスクセンス検定　練習問題 **16**〜**18**

4.4 C4：コンプライアンス ……………………………… 72

4.4.1 機能するコンプライアンス活動を目指して……………… 73

(6)

◉リスクセンス検定　練習問題 **19**〜**21**

第5章　リスクセンスを鍛える（Behavior） ………… 79

5.1　B1：トップの実践度 ……………………………………… 81

5.1.1　安全第一 ………………………………………………… 82

5.1.2　トップのとるべき行動 ………………………………… 83

◉リスクセンス検定　練習問題 **22**〜**24**

5.2　B2：HH／KY ……………………………………………… 91

5.2.1　活動のマンネリ化 ……………………………………… 92

5.2.2　マンネリ化の防止 ……………………………………… 92

◉リスクセンス検定　練習問題 **25**〜**27**

5.3　B3：変更管理 ……………………………………………… 98

5.3.1　正規の手続きを踏んでマニュアルを変更することの
難しさ ……………………………………………………… 99

◉リスクセンス検定　練習問題 **28**〜**30**

5.4　B4：コミュニケーション ………………………………… 107

5.4.1　よいコミュニケーションの維持「報・連・相＋反」…… 108

5.4.2　話しやすい職場づくり ………………………………… 109

◉リスクセンス検定　練習問題 **31**〜**33**

第6章　リスクセンス検定®の受検ガイド …………115

6.1　リスクセンス検定®の概要 ………………………………115

6.2　受検のガイダンス …………………………………………118

6.2.1　Webリスクセンス検定®の受検概略フロー …………118

6.2.2　受検マニュアル……………………………………………126

(7)

6.3 受検結果の報告 (報告書の内容) ……………………………… 149
 6.3.1 組織 (団体) への報告書の内容 ……………………… 149
 6.3.2 個人への受検結果報告 ………………………………… 150
6.4 リスクセンス検定® の活用 ……………………………………… 172

第7章 リスクセンスの視点から診た事故や 不祥事の事例 …………………………………… 173

7.1 繰り返される事故や不祥事の事例 ……………………………… 173
 7.1.1 保全データ改ざん事件(1)−原子力業界の事例 ………… 174
 7.1.2 保全データ改ざん事件(2)−化学・石油業界の事例 …… 175
 7.1.3 品質検査データ改ざん事件……………………………… 177
 7.1.4 リコール隠し事件………………………………………… 179
 7.1.5 粉飾決算事件……………………………………………… 181
 7.1.6 入試過誤…………………………………………………… 183
 7.1.7 食中毒事件………………………………………………… 184
 7.1.8 発電所での蒸気配管噴破事故…………………………… 187
7.2 解析手法付の事故事例
 (組織要因を顕在化させる解析手法を学ぶ) …………………… 192
 7.2.1 酸化反応器の爆発火災事故……………………………… 192
 7.2.2 塩ビモノマー (VCM) プラントの爆発火災事故 ………… 197
 7.2.3 アクリル酸プラント内の中間タンクの爆発火災事故…… 202

≪リスクセンス関連用語集≫……………………………………………… 209

あとがき……………………………………………………………………… 221
索 引………………………………………………………………………… 223

第1章　リスクに強い組織に向けて

　化学産業界においては、近年大きなプラント事故が続発しており、産官学挙げて「保安力向上」を目的とした数々の取り組みが行われています。

　本書で紹介する手法は、その発端がなぜ大きな事故に至る前の予兆に気が付けず対処できなかったのだろうか？長期にわたり事故や不祥事が起きない組織はどんな組織運営を行っているのか？など化学プラントへの異常感知力に関心を持った人達や、無事故を継続しているお手本となる組織のマネジメント手法を共有したいと考えている人達によって研究・開発された実用化に適した手法です。

　いままでの、モノづくり分野の事故・不祥事の起きた原因を研究し、実現したい組織の姿を、次に記す運営に重要な要因の11項目を含む姿で描きました。

＜リスクに強い組織＞

　組織のトップは、組織を健全に維持し成長させるために組織の目的を明確にして（B1：トップの実践度）よいコミュニケーション（B4：コミュニケーション）の下で組織の構成員が組織の目標を達成できるような業務遂行力を維持できるよう仕組みをつくり、維持し、（L3：教育・研修、C4：コンプライアンス）、且つ変化に対応できるよう（B3：変更管理）組織を運営している。特に組織運営上のリスクへの対応（L1：リスク管理）に対し、

1

過去の失敗に学ぶ（L2：学習態度）ことと身近に起きる小さいエラーに注意を払う（B2：HH/KY，ヒヤリハット/危険予知）と共に、エラーが起きないようにまた起きた場合、直ちに対応できるよう（C1：モニタリング組織、C2：監査、C3：内部通報制度）組織力の向上に努めている。

　本書では、皆さんが日常の健康についてセルフケアしているように、リスクセンスを身に付け、異常感知力を磨き、自らの組織のセルフヘルスケアを行い、組織のいつもと異なる点に気が付き、トラブルや事故を未然に防止する方法を紹介しています。

　健康のセルフケア項目は血圧、体温、体重などです。組織のセルフケア項目は、11の組織と個人の行動〔具体的には学習態度（Learning）、管理能力（Capacity）および実践度（Behavior）から成る11の行動〕です。これら11の組織と個人の行動が、組織の健全性を維持するために重要であることを示すと共に、日常起きうる事象を例として設問を設け、セルフケアのポイントを示しています。

　「組織と個人のリスクセンスを鍛えて組織力を向上させる」を目的として、本手法が多くの分野で利用されています。モノづくり分野では保安力向上に資する手法として化学産業から電機・電子産業へ拡がり始め、品質・環境・労働安全などに関するISO活動などのマネジメントシステムの導入効果をさらに上げる補完手法としての活用が始まっています。ＩＴ分野やサービス分野でも普及が始まり、医療分野でも活用例が発表され始めています。

　自分達の組織の健康を自ら維持・向上させようと取り組んでいる皆さん、ぜひ仲間や同僚と本書を基に組織の診断法を学び・活用し「リスクセンスを磨き、異常感知力を高め」事故などを起こさないリスクに強い組織を実現しませんか。

　その第一歩として、「LCB式組織の健康診断®」法を組込んだ「リスクセンス検定®」を活用して組織と個人の異常感知力を向上させることをお薦めします。

第1章　リスクに強い組織に向けて

［本書の読み方・活用法］

　本書では、特定非営利活動法人リスクセンス研究会の研究成果である「組織と個人のリスクセンスを鍛え、リスクセンスを向上させ、事故や不祥事などを未然に防止して、組織の目的を達成させるマネジメント手法」を習得します。また同研究会が主催するリスクセンス検定®を受検される方へのガイドとしても活用できます。リスクセンス検定®を受検することにより、組織と個人の異常感知力を向上させることができます。リスクセンス検定®は、2013年にスタートし、モノづくり分野を主に現在までに日本を代表する企業などで広く活用されています。

(1) 本書の構成

　第1〜5章では、企業における組織事故を減らす活動を展開するための「組織と個人のリスクセンスを鍛える」手法を理論に基づきやさしく解説します。第6章では、実践する際のベースとなる組織と個人の現状を診断するリスクセンス検定®の受検方法を説明しています。第7章では、より深く学び、組織事故を減らそうと活動されている方へ、過去に起きた事例からその原因となったリスクのポイントと対処方法を解説し、自分達の組織力向上に活かすヒントを示しています。

　各章の構成・主な内容を記しますので、それぞれの目的に合わせて読まれることをお薦めします。

　(ア)　第2章「リスクセンスで組織事故を防ぐ」では、過去に起きた業種を超えた組織事故の解析結果から、その発生メカニズムを導き、組織事故を具体的に防ぐ手法を紹介しています。

　(イ)　第3, 4, 5章は、本書で重視している11個のリスク要因について

3

のセンス（感度）に関し、その性格から「リスクセンスを身に付ける」、「リスクセンスを保つ」および「リスクセンスを鍛える」の３つに分けて向上させる手法を解説しています。

各リスク要因は、次の内容から構成されています。

1．リスクと扱う理由

2．学習のポイント

3．組織事故防止として留意すべきポイント

4．３職階層が身に付けてほしいポイント

5．覚えておきたい語句

6．練習問題：理解度を確認する例題３題と解説。なお、例題はリスクセンス検定®の受検時の出題問題と同等の内容です。

(ウ) 第６章「リスクセンス検定®の受検ガイド」は、Web検定と紙ベース検定の２種類のリスクセンス検定®の受検方法について説明しています。Web検定で受検する場合は、実際の画面で説明しています。

(エ) 第７章「リスクセンスの視点から診た事故や不祥事の事例」は、前記の第３，４，５章の中で紹介している事例と解析手法などをもっと詳しく知りたい方のために具体的な解析事例を紹介しています。

(オ) ☞のついた用語は、《リスクセンス関連用語集》で詳しく説明しています。

(2) 実務の中で実践するために

(ア) リスクセンス検定®の受検

上記のように、本書は主にリスクセンス検定®の受検のためのガイドを主目的として書かれています。本検定を受けることにより自分に不足しているリスクセンスを定量的に把握でき、自分の弱い点を強化する学習の指針が得られます。また組織全体で受検することにより、リスクセンスのレベルを組織全体、職位間、部門間など、立体的

4

第1章　リスクに強い組織に向けて

且つ定量的に把握できます。定期的に検定を実施することにより時系列でのリスクセンスの向上度を定量的に把握し、PDCA（Plan，Do，Check，Act）サイクルによるスパイラルアップが可能です。

(イ)　**本書を活用**

本書を個人で読めば個人のリスクセンスが向上します。組織として読み進めれば、自分とは違った他人の理解や意見を認識することができ、また職位や部門の立場による視点の違いを理解することができます。リスクセンス向上を切磋琢磨することにより、組織全体でのリスクセンス向上がより容易に達成できます。3職階層別の定義と学習の視点は次の通りです。1つ上の職階の視点も考慮して学ぶとより効果があります。

1)　一般実務職

第一線で実務を担当されている方を想定しています。

所属する組織の理念や方針を共有し、中間管理職の指示の下で個々の職務を高いモチベーションを維持しながら遂行されていると思います。それぞれの持ち場で11のリスク要因のそれぞれのポイントの基本的な事柄を理解し、自分の持ち場でどう活用するか、を紹介されている事例などを参考にして具体的に学びます。

2)　中間管理職

部下を持って1つの範囲の業務を担当されている管理職の方を想定しています。主任、係長、課長、グループリーダーなどの肩書の方です。

所属する組織の理念や方針を共有し、その中で上級管理職から自分が所管する部署に求められている役割を承知し、高いモチベーションを維持しながら業務を遂行されていると思います。経営と実務現場を結ぶ実務現場の責任者として、11のリスク要因のそれぞれのポイントの趣旨を理解し、第一線の実務職の個別の業務の中で

どう活用するか、紹介されている事例などを参考にして具体的に学びます。

3) 上級管理職（会社経営を含む経営管理職）

　複数の異なった性質の業務を所管されている方を想定しています。社長を含む役員、経営管理職である部長、工場長、研究所長、支店長、部門長などの肩書の方です。

　担当する組織を健全に維持し成長させるために組織の目的を明確にして率先垂範で、よいコミュニケーションの下、組織構成員が組織の目標を達成できるような業務遂行力を維持できるよう仕組みをつくり、維持し、且つ変化に対応できるよう組織を運営されていると思います。11のリスク要因のそれぞれのポイントの趣旨を理解し、紹介されている事例などを参考にして担当している組織内で活用するにはどのような方法、どのような環境づくりが必要かを具体的に学びます。

(3)「11のLCBの診断項目」を身近に

　「LCB式組織の健康診断®」法の「11のLCBの診断項目」は、日常の組織のセルフヘルスケア項目として常に参照したいものです。業務の遂行の過程でこれらのケア項目が浮かぶように常に身近に置いておいてください。

　11のLCBの診断項目については、後述の「2.2.2　防護壁とした11項目の組織要因の概要」を参照してください。

第2章　リスクセンスで組織事故を防ぐ

2.1　組織事故の発生メカニズムを解く

　世の中で注目されるような大きな事故や不祥事が起きると事故関係者や学識者がそれぞれの立場や専門とする視点から多角的に事故原因を究明し調査結果が発表され、なぜ事故が起きたのか論じられています。

　しかし、これらの事故発生メカニズムとその対策は、対象の事故そのものは深く究明されてはいますが、一般化してわかりやすく説明されているケースが少なく、教訓として他山の石として学び、現場で活かすには難しいと感じられます。

　社会科学の分野では、事故に関与した組織構成員へのアンケート調査などにより相関の強い組織要因を共分散構造分析し事故の発生メカニズムを解き明かすという帰納法的な研究が多く行われています。他方では、組織事故の発生に関する因果モデルを仮定し実際に起きた事故を検証する演繹法的な取り組みも発表されています。

　しかし両研究とも、多くの事故事例を俯瞰する汎用的な事故の発生メカニズムの因果モデルとしては不十分と思われます。

　例えば、演繹的な取り組みとして、広く採用されているジェームス・リーズン（イギリス）の「スイスチーズ」モデルと呼ばれている組織事故の発

生モデルの研究があります。この研究では、「組織は組織運営に潜む危険が顕在化しても直ぐに大きな事故に至らないように複数の防護壁（管理ルール）を設けて事故を防ぐことができる。しかし、現実に大きな事故が発生するのは、完璧であると思われた防護壁に複数のほころびの穴が存在し、これらの穴が偶然に重なり合う事象が発生したとき」としています。

しかし、そのほころびの穴をどう探して防ぐのかの重要なポイントが具体的に明確に示されていないという課題があります。

2.2 LCB式組織の健康診断®法

前項に記した様々な取り組みを参考にして、モノづくり分野で実際に経験・体験してきた事故・不祥事の原因究明法の研究成果をもとに、LCB式組織の健康診断®法を開発しました。

2.2.1 「スイスチーズ」モデルからの工夫

LCB式組織の健康診断®法は上述の「スイスチーズ」モデルの課題を解決し、且つ図2−1に示すように「防護壁」モデルと置換えて第一線の現場で使いやすい手法としました。

工夫したポイントは、次の6点です。

① 日本では穴のあいたスイス産のナチュラルチーズに馴染みがないことから身近な組織事故の発生モデル（不完全な壁）としてイメージし難い。

② 防護壁モデルと称することにより、多くの職場で実施されているヒヤリハット（HH）活動で提案される事例が、防護壁の1枚または2枚破られて生じる事象と結び付けやすい。

③ ハインリッヒの法則［☞］の論理的な考えの取込みが可能。即ち、「1件の重大事故は、危険を想定して構築した多くの防護壁に穴があり、その穴を貫通する事象が同時に発生したときに起きる」。「その背後では中

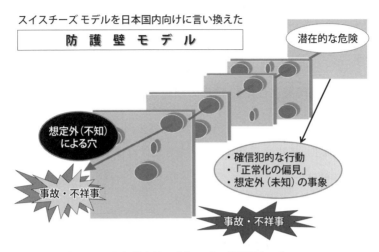

【図2-1】組織事故の発生モデル「防護壁モデル」

規模のトラブルや事故が29件起きている。それらは、防護壁が複数枚同時に機能しなかった事象が発生したときに起きる」また「その背後で微トラブルが300件起きている。それは、防護壁が1,2枚機能しなかったから起きる」とされている事故の起きる背景を包含している。

④　マンネリ化しやすいHH活動、KY活動や5S活動などに理論的なアプローチとして組込み、活動を活性化させることができる。

⑤　「潜在的原因による」として明示していなかった行動を具体的な以下の3つの行動として規定している。

- 確信犯的な行動
- 防護壁の存在を無視し自分だけは事故を起こさないと考える「正常化の偏見」の行動
- 未知の想定外の事象

⑥　「ほころびによる穴」とした防護壁にあいた穴の特徴を以下のように具体的に規定している。

- 組織が設ける防護壁は、元々経営資源が限られていることから大きさ

も形も異なり、且つ不完全で穴があいている

- 組織自身での不知を原因とする想定外の穴がある
- これらの穴は経年劣化で変化し増えたり、大きくなったりする

2.2.2　防護壁とした11項目の組織要因の概要

劣化しやすい防護壁とした11項目の組織要因は、現在のグローバル経営下の組織運営に求められている3つの重要な機能として、学習する機能（Learning）、自らを律する機能（Capacity）、実践する機能（Behavior）に分類しています（**図2－2；p.14**参照）。

組織においてLCBの3機能で重要な点は以下の通りです。

(1) **L（Learning）：リスクを知り、リスクへのセンスを向上させる**

L1：リスク管理（リスクを知る）

組織はリスクを特定・評価し、優先順位を決め、リスクの低減策・計画を策定し、管理しているか。新しい事柄（新規事業、新規取引、新製品開発、新プラント・設備の設置他）を始めるに際し、それぞれに適したリスク評価システムを設け、そのルールに則って推進しているか

L2：学習態度

過去の事故・不祥事（他社を含む）を活かしているか、事例の水平展開を図っているか

L3：教育・研修

教育・研修の目的を明示し、失敗事例の教育を含めた教育研修制度が導入され、維持・更新され、受講者へのフォローがなされ、実効をあげているか

(2) **C（Capacity）：自ら管理し、改善のPDCAサイクルを廻す**

C1：モニタリング組織

業務が正しく行われているかをモニタリングする独立した組織（定期

的にチェックする仕組み）があるか

C2：監査

監査役監査、内部監査（業務監査）、会計監査、環境安全監査などの企業活動・企業統治向上のために監査を行い、組織の経営目的が達成されているか

C3：内部通報制度

よいコミュニケーションの下で内部通報制度などのホットラインがあり、周知されて機能しているか

C4：コンプライアンス

不正は許さない、安全の確保が最優先であるという組織のトップの決意が明確に示され、組織全体で実践されているか

（3）　B（Behavior）：組織全体が積極的に実践する

B1：トップの実践度

組織のトップが掲げた方針・目標が組織のメンバーにブレークダウンされ、トップがリードし実施されているか

B2：HH／KY

日常の活動に潜む異常・危険を全員で洗い出し・予知し、共有して改善に取り組み、効果を上げているか

B3：変更管理

日常起きている「業務上の変更（例：設備、基準・運転方法、従事者、予算）が適切な手順で行われ、リスクの評価（残留リスクの顕在化を含む）、変更審査・承認を経て、適切な範囲・タイミング・内容で伝わり、それぞれが適切な変更管理（周知、指示、手順書、教育、履歴など）が行われているか

B4：コミュニケーション

「報・連・相＋反（報・連・相に反応すること）」を通じ、相互コミュニケーションが行われているか、話しやすい職場になっているか

11

それぞれの11項目の詳細については、次章以降でその取り組みを記します。

先にも述べましたが、このモデルには、事故の原因として扱いの難しい「想定外」も考慮されています。当事者にとって初めての事象（想定外）には、「自分の不知」によって起きた場合と、「誰にとっても未知」であった場合の2つの種類があります。前者の想定外を極力減らすために、日常の教育を始めとした諸施策で知識やスキルを上げるマネジメント（Learning）の重要性が強調されています。後者の想定外を減らすためには、日頃から組織全体で実践に係る多角的なマネジメント（Behavior）からの取り組みを充実させることが重要です。

2.3　防護壁とは日常守っているルール

防護壁には3種類の防護壁が存在すると考えます。化学系企業の場合を例に具体的に紹介します。1つは、自社で扱う化学品に関し行政側から厳守するよう求められている管理事項、例えば、消防法、高圧ガス保安法などを遵守するために設ける防護壁、2つめは、その法律に則して自社では具体的にどう管理し、どう取り扱うか、例えば、マニュアル類などに相当する防護壁、3つめは、自分達の組織を健全に発展し続けるために設けている防護壁、例えば、就業規則から始まり、組織に所属する人の職場での朝礼の実施やいろいろな作業開始前の安全確認ルールなどに至るまでの諸管理ルールなどです。

この防護壁モデルに従って点検すれば、職場で組織事故が起きた場合、設けていた防護壁のうち、どの防護壁に機能しない事象が起きたためか、またはどの防護壁をかいくぐった事象が起きたからと容易に特定することができます。

2.4 組織事故を防ぐには

　組織事故を防ぐには、事故が起きた原因を解析し是正する「再発防止」と、組織が健全な状態でちょっとした好ましくない変化を敏感に察知し行動する「未然防止」の2つの取り組みが重要です。

(1) 組織事故の再発防止

　再発防止は、機能しなかった防護壁を顕在化させ、対応策を策定し是正につなげることです。しかし、従来の事故の原因解析手法であるFTA法［☞］、FMEA法［☞］だけでは、機能しなかった防護壁の組織運営上の好ましくない要因を顕在化できない場合があります。そこで組織事故の解析法として以下の3つの手法を使用することを薦めています。

　航空分野や原子力分野の関係者で開発されたVTA法［☞］となぜなぜ分析法［☞］の組み合わせとM-SHEL法［☞］となぜなぜ分析法を組み合わせた2つの解析手法は、化学業界を含め広く産業界で普及している手法です。3つめの手法は日本の医療分野で使用され始めた米国の退役軍人病院で開発されたRCA法［☞］で最近大きな事故が起きると産業界でも使用され始めています。

　これらの手法の使い分けは以下のように薦めています。例えば、起きた事故が1つの課とかグループの中の組織運営のまずさが主原因で且つ短期間内に起きたと推定できる場合はM-SHEL法を、事故原因が複数の課とかグループにわたり、且つ長期間の組織運営のまずさで起きたと推定される場合はVTA法を、RCA法は全社の組織運営に事故原因を求める場合などの大きな事故や不祥事の際に使用します。

　これらの解析手法を使用し、機能しなかった防護壁を顕在化させ防護壁を修復する、もしくは当該防護壁を撤去し新たな防護壁を設け防護壁が劣化しないよう努めることが再発防止策となります。

例えば、機能しなかった防護壁の組織的要因を顕在化させるときに、ヒューマンエラーについて次のように考えます。
　事故や不祥事には直接的・間接的に多くのヒューマンエラーの要因が内在しています。このヒューマンエラーには２種類あるとしています。１つは、業務を遂行する際、ある特定の環境下の場合にのみ生じやすいヒューマンエラーで、組織としてそのような職場環境に陥らないよう努めるべきヒューマンエラーです。２つめは、人が生まれ持っている性格による犯しやすいエラーで、１人ひとりが未熟さを自覚し個人の努力で防ぐことができるヒューマンエラーです。
　私達は過去の事故や不祥事の事例解析から、防護壁が機能しなかった原

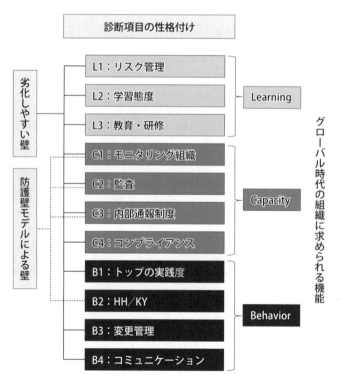

【図２−２】劣化しやすく常に診ていたい防護壁

14

因の多くが前者による場合が極めて多いことを明らかにし、人をそのような
なエラーに駆り立てやすくするマネジメント要因をピックアップし、それ
らの組織要因を劣化しやすい11個の防護壁としました。

図2-2は「劣化しやすく常に診ていたい防護壁」です。

このそれぞれの防護壁は、行き過ぎた省人化や過度のコスト削減策など
の過剰管理により機能が低下しやすく、ヒューマンエラーを生じやすくな
る傾向があり、結果として防護壁が機能しなくなる恐れが生じ、再発防止
の観点からもこれらの防護壁の点検が重要と位置付けています。

(2) 組織事故の未然防止

組織事故の未然防止策は、防護壁モデルに則して、組織運営の中でいつ
もと異なる事象や防護壁の劣化に何か変だ？と早く気が付き、適切に対応
する組織風土を醸成し維持することといえます。何か変だ！と早く気が付
くには、組織全体で劣化しやすい防護壁とその維持すべき状態が共有され
ていること、また所属する人が早く気が付く感度を向上させて、あるレベ
ル以上に維持することが必要です。

先に述べましたように、業種を越えた事故や不祥事の事例解析結果から
劣化しやすい11個の防護壁をピックアップしました。これは、自分の健康
を日常管理するセルフヘルスケアの項目と同じくらいの数程度で、容易に
組織のセルフヘルスケアすることを目指したからです。日頃からこの防護
壁が機能していることを確認し、文書化し共有していれば、組織事故の未
然防止が図られ、且つ毎年定期的に行われる業務監査や会計監査、ISOな
どの審査の資料となり、審査間際の準備を軽減することが可能となります。

【引用・参考文献】

1) リスクセンス研究会：「個人と組織のリスクセンスを鍛える」大空社（2011)

2) リスクセンス研究会：「リスクセンスで磨く異常感知力」化学工業日報社
（2015)

3）石橋　明：「リスクゼロを実現するリーダー学」自由国民社（2003）

4）ジェームス・リーズン 著／塩見 弘 監訳／高野研一、佐相邦英 訳：「組織事故」
日科技連出版社（1999）

第3章　リスクセンスを身に付ける (Learning)

　多くの組織では、組織が"健康な"状態を維持できるように、自らの組織でエラーやトラブル、不祥事が起きないようにリスク管理をし、その一環として自社や他の組織（他社を含む）で起きたエラーやトラブル、不祥事などに学び、それらを他山の石としてエラーやトラブル、不祥事などを起こさないよう、組織運営をしています。この組織運営の中で次の3つの視点からリスクセンスを身に付ける手法を学びます。

L1：リスク管理（リスクを知る）

　組織はリスクを特定・評価し、優先順位を決め、リスクの低減策・計画を策定し、管理しているか。新しい事柄（新規事業、新規取引、新製品開発、新プラント・設備の設置他）を始めるに際し、それぞれに適したリスク評価システムを設け、そのルールに則って推進しているか。

L2：学習態度

　過去の事故・不祥事（他社を含む）からの教訓を活かしているか、事例の水平展開を図っているか。

L3：教育・研修

　教育・研修の目的を明示し、失敗事例の教育を含めた教育研修制度が導入され維持・更新され、受講者へのフォローがなされ、実効を上げているか。

3.1 L1：リスク管理（リスクを知る）

　いまから100年ほど前にSafety Firstを安全第一と訳出し、出版された内田嘉吉 著『安全第一』の安全第一スローガンの項には、今日の「リスクアセスメント」、「リスク管理」活動に通じるスローガンが多く挙げられています。「着手に先立ちて熟慮せよ」、「記憶せよ、何事かをなさんとする際にはまず熟慮することを」、「疑いがある場合には安全なる手段をとるべし」などなど。担当する作業のどこがどのように危ないかをきちんと把握する、即ち、リスクアセスメントを行い、リスクを知って管理することは100年後の今日においてもトラブルや事故、不祥事などの未然防止に最も重要な活動と位置付けられています。多くの職場で実施されている作業前KYはリスクアセスメントの実施に通じます。

　未来のトラブルや事故などを防ぐためのKY活動やリスクアセスメントの実施が不十分であったこと、即ち、「リスク管理（リスクを知る）」が望ましい状態に維持されていなかったことが原因のトラブルや事故、不祥事などの事例が多く報告されています。

◎学習のポイント

　「L1：リスク管理（リスクを知る）」のあるべき姿を次のような状態と設定し、その定着を目指します。

> 「新しい事柄や重大な事柄に対する自らの組織に内在するリスクについて十分な期間を取って検討し、関連する部門や第三者の立場としての管理や監査部門が参加する会議などでその分野で先んじたリスク評価法を用いて審議し、その結果を関係する第一線の担当者まで職制や労働組合などを通じて周知している。」

第3章　リスクセンスを身に付ける（Learning）

このような組織が実現できていることを点検するポイントを次の3つと考え、リスクセンスを身に付ける手法について学びます。

(1)　組織にとって新しい事柄や重大な事柄に対し、リスクの評価・管理が行われているか。例えば、組織の目的達成および組織の破綻防止のためにリスクを特定・評価し、重み付けを行っているか。

(2)　リスクの評価の方法を定めているか。例えば、法律の遵守、自から独自に定めた評価法、さらにはその分野で先んじた評価法［例　HAZOP（☞）］などを定めているか。

(3)　リスクを評価するために、評価する組織体やその担当する人が定められているか。例えば、リスクを評価する会議体およびその出席者（特に当該担当部門以外の部門が参加しているか）が定められているか。

3.1.1　リスクを知る

「リスクを知る」は、リスクの洗い出しとも呼ばれている作業で、「リスクの発見、確認、分析、評価」の一連の作業の最初の作業です。このリスクの発見の方法は、どの分野のリスクの洗い出しを行うかで異なってきます。

　洗い出しの方法は、①アンケート調査方式、②ワークショップ討議方式、③ヒヤリング方式などがあります。多く実施されている②の場合の注意点を挙げます。

(1)まとめ役の立場の人に求められること

　できるだけ多くの意見や考えを出してもらうよう努力することが求められます。どんな小さなことでもなんでも出してもらうべく、活発な意見交換ができるよう、発言を否定するようなことは言わせない、人の言ったことに付け加える発言を認めるなどの配慮が求められます。

(2)リスクの洗い出しは、大きな視点から小さい視点へ

　少しでも多くの意見や考えをという視点で自由にランダムに発言して

19

もらうのも一案ですが、参加者の危険感受性を増す手法として次の手法を薦めます。

工程や手順の洗い出しをリスクの大きい事項から順に出してもらう、これを繰り返すことにより目の付け所が拡がり、出席者の危険感受性が増します。

3.1.2 リスク評価

リスクの認識を共有化した後、リスク分析・算定、リスク評価（アセスメント）を行います。このリスク算定（数値化）過程では、1人ひとりの危険の評価が異なり、参加者全員の合意が必要となります。現場の人の評価は低くなる傾向がある場合があります。これは現場の人は危ないということを肌で知っており、きちんと対応策をとっている自信に基づく危険評価であるからで、間接部門の人が感じるほど危ないと感じていないことが原因です。

リスク管理の精度を上げるためには、リスクの数値化（定量的評価）が必要です。評価は洗い出されたリスク毎に、損害規模と発生頻度を算定します。化学物質、地震や為替変動などのリスクは、多量のデータを基にシミュレーションを行うことによって定量的な算定が可能ですが、その他のほとんどのリスクでは定量化は困難で、組織毎に理解しやすいリスク算定基準を作成しているのが現状です。リスク算定基準表の1例を**表3－1**に示します。

【表3－1】リスク算定基準表

発生規模ランク	結果の重大性	発生頻度ランク	発生頻度
1	ケガや損傷がほとんどない	1	ほとんど起きない
2	人身や生産に軽い影響あり	2	まれに起きる
3	重傷、機器の損傷あり	3	たまに起きる
4	死亡、大規模な生産損失	4	時々起きる

第3章　リスクセンスを身に付ける（Learning）

　製造業の場合、対象となる製造品目、製造プロセスにより、各種の特徴あるリスク算定（数値化）の手法が作り出されています。リスク評価に際してはリスクの算定結果、即ちリスクの損害規模・発生頻度を相対的にプロットした「リスクマップ」[☞]を作成する取り組みが増えてきています。

　算定したリスクについてリスク低減施策を検討します。洗い出したリスク全てに同時に対応することは不可能です。対応に優先順位を付けた上で優先リスクを選びます。優先リスクの決定にあたり、この損害規模・発生頻度、リスク基準、リスクマネジメント方針、対策状況などの判断要素を「リスクスコア表」[☞]としてまとめる方式も1つです。最後に実施するリスク低減策の候補について、再度リスク評価を行い、残留リスクの顕在化を行います。

●各階層が身に付けること

《一般実務職》

　リスクの評価および管理に必要な基本的な事柄を学びます。

《中間管理職および上級管理職》

　上記3．1の(1)(2)(3)の目指す組織運営を定着させる仕組みとそのためにはどのような環境づくりが必要かのマネジメントのポイントを学びます。

◉覚えておきたい語句《注：太字は重要語句》

リスク管理、リスクアセスメント[☞]、リスクの顕在化と評価、危険感受性、リスクマネジメント、リスクマップ[☞]、FTA[☞]、FMEA[☞]、M-SHEL法[☞]、VTA法[☞]、4M管理[☞]、なぜなぜ分析[☞]、クライシスマネジメント（危機管理）、事業継続計画、緊急時の対応、防災訓練、事故解析手法

リスクセンス検定　練習問題 1

【問】　リスクアセスメントを行う場合、適切でない行動、取り組みを次の５つの中から１つ選んでください。

①　リスク評価の基準（評価の対象案件、評価方法、評価後の対応）を確認している。

②　リスク評価は、ハザードの大きさ（被害の大きさ）と発生の確率との積で算出し、その積の大小により、リスクをランク分け（大中小）している。

③　ハザードの大きさには、損出ロス、設備回復の費用や人的な災害の大きさが含まれる。

④　リスク評価を行うためのリスクの洗い出し項目の決定はリスクアセスメントの責任者が行う。

⑤　ヒヤリハット（HH）に客観的なリスク評価（点数化）を行い、一定以上のリスクがあると判断された場合はリスク評価（リスクアセスメント）を行うことにしている。

正解は④です。

【解説】　リスクの洗い出し項目に漏れがないようにするために全員に意見をだしてもらうようにしています。リスクは同じ事象でも経験の差によって異なるからです。また最近のように１人だけで作業をするケースが増えると担当の本人しか気が付かないリスクも増えてきます。リスク評価を行う項目を決める際、漏れがないようにするために全員が発言し、同意する方式で決めることが大事です。

第3章　リスクセンスを身に付ける（Learning）

リスクセンス検定　練習問題 2

【問】　構内で行われる工事の工事本部としての運営管理の中で 特に
　　　朝の仕事始めに全員で行う活動と周知のうち、次の5つのうちか
　　　ら必要性が最も低いと思うものを1つ選んでください。

① 朝礼集合

② 入場者の氏名

③ 安全体操

④ 重点注意事項

⑤ 進捗と今日の予定

正解は②です。

【解説】　工事に関するリスク管理の事例です。一般的には当日の工事
の参加者数は前日までに確定しており、朝の仕事始めには、点呼する
場合、作業者の人数は確認しますが氏名までは必要としない工事現場
が多い。工事に関するリスク管理のマニュアルに従い、①全員が集合
して朝礼を行い、最初に⑤の今日行う業務の進捗状況とこれから行う
予定が工事本部から伝えられ、それらに関する④重点注意事項の周知
がなされます。5つの中から必要度が低い項目は②となります。

23

リスクセンス検定　練習問題 3

【問】　リスク管理に関する記述の中で、相応しくないものを1つ選ん
でください。

① 地下鉄のホームに電動の転落防止柵を設けたので、転落事故
は減っていくと推測される。

② ポンプの回転部分（ベルトやチェーン駆動）への巻き込まれ
防止のため、ベルト（チェーン）カバーを裏面まで設けたが、
巻き込まれ事故のリスクは存在する。

③ 固定された産業用ロボットとの衝突事故を防ぐため、回転半
径には人が入らないように侵入防止柵を設けたので、衝突事
故の発生リスクは、極めて小さいものとなった。

④ ホッパーの開閉ダンパーが不調なため、点検の前準備として
電源を切り、電気室で操作禁止札を取りつけたが、点検作業
に入る前の安全対策としては不十分である。

⑤ 該当の施設に対して周知を集め、安全対策をきめ細かく行っ
たので、この施設に関してはリスクゼロといえる。

正解は⑤です。

【解説】　何か行動を起こすとその行動に伴って発生するリスクがあり
ます。リスクに対し、何らかの対策をとって行動を起こしますが、リ
スクゼロという状態は存在しません。何もしない場合も何もしないと
いうリスクはあります。リスクゼロを想定して行動する姿勢は改めて
欲しい。

第3章　リスクセンスを身に付ける（Learning）

【引用・参考文献】

1）リスクセンス研究会：「個人と組織のリスクセンスを鍛える」大空社（2011）

2）リスクセンス研究会：「リスクセンスで磨く異常感知力」化学工業日報社
（2015）

3）損保ジャパン・リスクマネジメント：「リスクマネジメント実務ハンドブック」
日本能率協会マネジメントセンター（2010）

4）昭和電工 ホームページ　http://www.sdk.co.jp

5）安全第一に学ぶ会：「内田嘉吉『安全第一』を読む」大空社（2013）

３．２　L2：学習態度（水平展開）

　事故や不祥事の70％は、過去のそれらの事例から再発しない手法を学ぶことができるといわれています。そこで多くの組織では類似の事故などを起こさないようにと過去に起きた事故などの事例を水平展開して事故などの未然予防に努めています。しかし、事故や不祥事から学ぶことは難しく、同じ組織で同じような事故や不祥事が繰り返されています。

◎**学習のポイント**
　「L2：学習態度（水平展開）」のあるべき姿を次のような状態と設定し、その定着を目指します。

「組織内で起きた事故や不祥事など失敗や不具合の情報は全員が共有しており、教訓は教育・研修に活かされ、事故品の現物展示による啓発教育に見られるような風化させない仕組みとなっている。また自社、他社の失敗事例から得た教訓・対策は自らの組織の是正・予防処置として、PDCAサイクルを実践してトラブル防止につなげている。」

　このような組織が実現できていることを点検するポイントを次の３つと考え、リスクセンスを身に付ける手法について学びます。
⑴　過去に自らの組織内で起きた事故や不祥事などに学ぶ姿勢があるか、また教訓を風化させない仕組みがあるか。
⑵　他部門や他社の事故や不祥事などの事例から学んでいるか。
⑶　上記⑴や⑵の事故やトラブル、不祥事などの事例を組織内に回覧して周知し、その教訓を自部署、自社の問題として捉え対策を取っているか、即ち「水平展開」しているか。

第3章　リスクセンスを身に付ける（Learning）

3.2.1　なぜ同じような失敗が繰り返されるか

　同じ企業で同じような失敗が繰り返される事例が報道される場合、マスコミは過去の失敗を活かしていないと厳しく報道します。失敗を繰り返したい企業はいません。では、なぜそれらの企業では失敗が繰り返されるのでしょうか。

　その原因として次の2つが推察されます。

　1つは、事故などの再発防止策が事故などの当事者のヒューマンエラーとして処理されていることが原因とする考え方です。事故などが起きた場合、当事者のヒューマンエラーに影響を与えたと推定される好ましくないマネジメントの例が多く見られます。そのような好ましくないマネジメントの要因にまでメスをいれないで一件落着としていると、事故などが起きたと似た業務の遂行環境になれば、人は同じような行動をとりやすく、同じような過ちが繰り返されます。

　もう1つは、組織は、事故などを起こしてはいけないという意識が希薄化しやすいという性質を持っていることへの対策が不十分であることです。事故などを起こした当初は、事故や不祥事などを二度と起こしてはいけないとの組織が一丸となった活動が展開されます。しかし時間の経過と共に活動がマンネリ化したり、形骸化したりし、事故などを起こしてはいけないという意識が薄れがちになる組織が存在します。

　次項でこれらの組織の状態に陥っていることに気が付くポイントを学びます。

3.2.2　事故などの原因追及は組織の運営要因まで行う

　図3−1に示すように事故やトラブルなどの直接的な原因は当事者のヒューマンエラーです。しかし、事故などを起こしたくて起こす人はいません。エラーが起きたその背後には、例えば、過度の省力化が実施されて

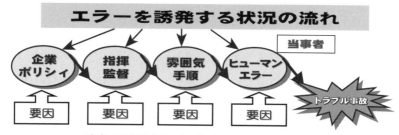

【図3-1】エラーを誘発する状況の流れ

いて慢性的に人手不足の職場であったとか、マニュアルが不備であったなどの職場環境であった、さらには行き過ぎた施策の厳守やマニュアルの整備に経営資源の投入をしない上司のマネジメントの姿勢、その背景にはその上司の言動に大きな影響を与える組織の基本方針の具体化にあたっての好ましくない点があったとすると、事故などが起きやすい職場であると推察できます。これらにメスを入れないと事故などが起きたときと似た職場環境が再現されれば、人は同じような行動をしがちで、従って同じ組織で同じような過ちが繰り返されることは容易に理解できます。

では、組織に潜む事故などにつながる要因はどうしたら顕在化できるのでしょうか？よく使用される事故解析法である、なぜなぜ分析法やFTA法、FMEA法、4M［☞］管理法などでは、顕在化できない場合があります。そこで航空機の事故や原子力の事故の解析で開発された次の2つの解析法

① VTA法となぜなぜ分析法を組み合わせた手法
② M-SHEL法となぜなぜ分析法を組み合わせた手法

と、アメリカの退役軍人病院で成果を挙げているRCA法が化学産業などの一般産業界でも使用され始めています。

VTA法とRCA法は、組織内の多くの部門が関係し且つ時系列的に原因究明が必要な大きな事故や不祥事などに発展した事例に、M-SHEL法はそれ以外の関係する部門数が1つまたは2つと少なく、且つ比較的小規模の

第3章　リスクセンスを身に付ける（Learning）

事故や不祥事の解析に使用されています。

　後述の第7章第2項ではVTA法とM-SHEL法を習得したい人向けに3つの事故の解析事例を紹介しています。

3.2.3　事故などを起こしてはいけないという意識を希薄にしないために

　事故などを起こしてはいけないという意識が薄くなれば事故などが起きやすいことは経験的に知られています。そこで事故や不祥事を起こしたらどんなに大変かを、事故や不祥事などを擬似体験したり、それらの現物を保存し、現物に対峙したりし、自分達の日頃の行動を反省する機会としています。

　事故や不祥事を起こしたらどんなに大変か、誰でも知っていますし、わかっています。ただこの「知っている」ことと「わかっている」ことの言葉は、同じようですが大きな違いがあります。「わかっている」人は、事故や不祥事を起こしたらどんなに大変かを知っていて、そのための行動を起こすことができます。しかし「知っている」だけの人は頭の中に知識があるだけで、その知識の活用法を知らないため、その知識を基にした行動はできません。

　事故や不祥事の知識を「知っている」段階から「わかっている」段階に進めるための工夫がいろいろ行われています。

　自部門や他社を含む他部門の失敗事例を回覧や掲示の書類で学ぶ、特に全員でぜひ共有したい事故事例は、定例の打ち合わせや安全衛生委員会などの会議で取り上げる、事故の現物から誰もが事故の大変さを肌で感じることができるよう保存し、見学できるようにする、失敗の原因となった行動を教育の中で取り上げて擬似体験させる、事故などで犠牲者が出た場合には慰霊碑（墓石安全の事例の1つ）を建立する、さらには事故が起きた日を安全の日と定め、事故が風化しないようにと例えば防災訓練などのイ

29

ベントを行うなど、事故や不祥事の知識を「わかっている」レベルに進める手法が実施されています。

第7章で、マスコミなどで大きく取り上げられた「知っていてもわかっていなかった」同じ企業で繰り返された乳製品会社による食中毒事件を紹介しています。3職階層毎に水平展開が機能するために、どうリスクセンスを発揮したらよいかを学んでください。

リスクセンス研究会のホームページの「リスク体験・体感施設案内」のコーナー（http://risk-sense.net/p_map_intro）には、産業遺産体験研究会[注]の研究成果である"事故や失敗またそれら原因物を保存し、それらから学ぶことを通じて安全・安心文化を向上させることができるリスク体験・体感施設"が掲載されています。事故を起こした企業による事故の現物の展示例や事故を起こさないようにとの擬似体験教育の内容例が産業遺産体験研究会メンバーの見学記の形で紹介されています。

●各階層が身に付けること

《一般実務職》

前記のリスクセンスを身に付ける3つのポイントに気が付く行動に必要な基本的な要素を学びます。

《中間管理職および上級管理職》

目指す組織運営を定着させる仕組みとそのためにはどのような環境づくりが必要かのマネジメントのポイントを学びます。

◉覚えておきたい語句《注：太字は重要語句》

水平展開、事故情報・事故の現物などに学ぶ、墓石安全、事故の教訓の

[注] 産業遺産体験研究会は、事故や失敗またそれら原因物を保存し、それらから学ぶことを通じて安全・安心文化を向上させる手法を研究しています。

第 3 章　リスクセンスを身に付ける（Learning）

風化、安全文化、職場巡回、不具合防止対策、過去の失敗に学ぶ、組織事故、防災訓練

リスクセンス検定　練習問題 4

【問】　職場の過去の事例を整理し、原因と対策を明示することにより、再発防止を図っています。この活動で改めたほうがよいと考える態度、取り組みを１つ選んでください。

① 職場における「過去の運転トラブル事例、事故事例、災害事例」集が保管されている。

② 職場で上記①の事例集に基づき、定期的に勉強会を開催している。

③ 時間に余裕があれば上記①の事例集で自習している。

④ 現在、設備は改善されており、上記①の事例集の事例がなぜ発生したか、理解に苦労しむことがある。

⑤ 最近トラブルや事故が少なく、設備は安定しているので、過去の事例を参考にしていない。

正解は⑤です。

【解説】　過去の事故事例などは現時点からみれば不完全な記載の場合もあり、事例集の記載方法を改めることも検討が必要です。ただこの５つの事象の中では、選んで欲しいのは⑤です。設備やシステムが改善されても、過去の事例はよい勉強材料となります。特に設備が改善され、トラブルが少なくなったため、異常時の対応などの経験が不足しており、よい勉強材料となります。

第 3 章　リスクセンスを身に付ける（Learning）

リスクセンス検定　練習問題 5

【問】　過去の事故・不祥事に学び、同じような失敗を繰り返さないことが重要です。そのために重要な取り組みの 1 つに［事例の水平展開］があります。［水平展開］の方法としてその効果が最も低いと思うものを 1 つ選んでください。

① 　事例を管轄する担当部署が、全部の自社事故事例やピックアップした他社事例を全職場に配布することにより水平展開を図っている。

② 　各職場では、配布された事例を職場内で回覧し、全員に周知し、水平展開を図っている。

③ 　各職場では、自職場での同様な事例発生の可能性について皆と話し合い、必要があれば対策を事前に打つなどの取り組みを行っている。

④ 　各職場で行っている③に該当する事例について、その対策、さらには結果について報告書提出を義務付けている。

⑤ 　事例を管轄する担当部署が、配布する事例が多ければ多いほどよいと考え、他社事例の収集に力を入れ、全職場に配布している。

正解は⑤です。

【解説】　水平展開の方法として、自社の事例が少ない場合、他社の事例に学ぼうとしていろいろなルートで収集します。集めた情報を全て送付することは配布を受けた現場での学ぶ時間が結果的に確保されない場合が出てきます。そこで①のように集めた情報の中から自社にとって学びたい情報だけピックアップして配布する方法がとられています。

33

リスクセンス検定　練習問題 **6**

【問】　職場の中で過去の失敗から学び、今度こそ任せられた担当業務をうまくやろうとその改善活動をしています。以下の５つの中で効果が薄いと思うものを１つ選んでください。

① 何を失敗とするか、基準を決めて、身近に起きた失敗事例を集め、同じ失敗をしないための再発防止策を考えた。

② 失敗の原因究明の際、直接原因となった個人のミスを顕在化させ、同じことを起こさせないための教育をする。

③ 身近に起きた失敗事例を集め、失敗が起きた組織の運営上の問題がなかったかまで原因究明し再発防止策を考えた。

④ 安全工学の分野の人間の行動特性に注目した再発防止研究の成果を活用する。

⑤ 失敗を犯した当時者から本音レベルで感じている問題点や背景要因を聞き、原因を究明し、再発防止策を考える。

正解は②です。

【解説】　失敗の原因を個人のミスで一件落着としていては、失敗したと同じような環境に再び置かれれば同じような失敗が繰り返されることは、本文を読んで頂いた読者の皆さんに理解して頂けると思っています。

第3章　リスクセンスを身に付ける（Learning）

【引用・参考文献】

1）リスクセンス研究会：「個人と組織のリスクセンスを鍛える」大空社（2011）

2）リスクセンス研究会：「リスクセンスで磨く異常感知力」化学工業日報社

　（2015）

3）中尾政之：「失敗の予防学」三笠書房（2007）

4）石橋　明：「リスクゼロを実現するリーダー学」自由国民社（2003）

3.3 L3：教育・研修

　組織が健全な状態で維持され、さらに発展するために社員の「教育・研修」は重要です。多くの企業では、組織のビジョンや経営目標の達成のために人的資源を戦略的に育成・開発していこうと、「求められる人材像」の具体的なイメージを明確化し、必要な人材を育成すべく、入社時やそれ以降の職階層・職種別教育などを行っています。しかし教育・研修の業務は往々にして業績や業務の多忙さに左右されがちです。業績が悪くなると、経営資源の投入が少なくなりやすく、それに伴い、教育内容の更新が遅れたり、マンネリ化に陥ったりしがちです。業務が多忙の場合は、日常の業務を優先させ、教育・研修に参加させることに消極的になったり、参加しなかった人のフォローも十分に行わない組織体質になりがちです。教育内容を自社の経験に加え、理論に基づいた内容もとりいれ、PDCAサイクルを回し、実効のある教育・研修制度を維持することは簡単ではありません。

◎学習のポイント

　「L3：教育・研修」のあるべき姿を次のような状態と設定し、その定着を目指します。

「業績に左右されなく、教育・研修制度は常に維持・更新されている。また教育・研修の内容も、陳腐化したり、運営がマンネリ化していないよう、適宜見直されている。通常の業務に優先して教育・研修を行う組織風土になっていて、且つ受講者および未受講者へのフォローも十分行われている。」

　このような組織が実現できていることを点検するポイントを次の4つと

第3章　リスクセンスを身に付ける（Learning）

考え、リスクセンスを身に付ける手法について学びます。

⑴　教育・研修の目的・方針および目標は明確であるか

⑵　業績に左右されず、教育・研修制度は運営され、マンネリ化しないよう維持・更新されているか

⑶　教育・研修の効果を把握し、フォローも十分行われているか

⑷　業務に優先して教育・研修を行っていて、且つ未受講者へのフォローも十分行われているか

3.3.1　理論に基づいた教育内容

　事故や不祥事などが起きた組織では、事故などの直接的原因であるヒューマンエラーを当事者個人の過失として扱い一件落着としないで、ヒューマンファクター[注]の視点から教育・研修を行うところが増えています。ヒューマンエラーの低減教育を例として、理論に基づいた教育内容の例を紹介します。

　ヒューマンエラーの防止教育は、エルゴノミクス（人間工学）や心理学、さらには失敗学の研究成果をとりいれた体験中心の教育・研修などが行われています。それらは即効性を求めた対処療法的な内容が多く、しかも体験した事象だけに効果が限られているようです。この原因の1つとして、教育・研修の体系がインストラクターの衆知を集めた経験を中心とした内容になっていて、理論に基づいた教育研修が不足していることが挙げられています。

　理論に基づいた教育例を紹介します。ヒューマンエラーの防止教育をヒューマンファクターとして体系化し、次の3つの視点に注目し実施して

[注] 機械やシステムを安全にしかも効率的に機能させるために必要とされる、人間の能力や限界、特性などに関する知見や手法などの総称（日本ヒューマンファクター研究所）

37

【表3－2】ヒト／人としての視点からの事故などの防止法
◎意識レベル「フェーズ3」維持による事故防止法

フェーズ	脳波の パターン	意識のモード	注意の作用	生理の状態	信頼性0 （ゼロ）
0	δ波	無意識、失神	ゼロ	睡眠、脳発作	ゼロ
1	θ波	意識ボケ （subnormal）	inactive	疲労、単調、居 眠り、酒に酔う	0.9以下
2	α波	リラックス （normal, relaxed）	passive, 心の 内方に向かう	安静起居、休息 時、定例作業時	0.99～ 0.99999
3	β波	明快 （normal, clear）	active, 前向き 注意できる範 囲が広い	積極活動時	0.99999 以上
4	β波または てんかん波	興奮 （hypernormal）	一点に凝集、 判断停止	緊急防衛反応、 慌て→パニック	0.9以下

〔**資料**〕橋本邦衛「安全人間工学」

います。

　1つは、生き物としての「ヒト」の視点の研究成果に基づくもので、心身の状態がよく、積極的に活動できる意識レベルを維持することに注目した防止教育です。2つめは、「人」としての、例えば同じことを長時間続ければエラーを起こしやすいという「人」としての特性に注目した防止教育です。教育内容は、**表3－2**に示すように脳波がβ波以外の状態で職務を遂行しないようにとの視点の防止法です。脳波がβ波である、心身がよい状態を維持できる職場環境づくりに関する内容がヒューマンエラーの防止教育の中心となります。

　最後の3つ目は、組織の中で他の人と一緒に組織の殻を背負って職務を遂行する「人間」として起こしやすいエラーに対するものです。例えば、「猫の首に誰が鈴を付けるか」など、上位の役職者の好ましくない言動をなかなか正せなく、放置し続けたことが原因で起きるエラーなど、組織の中に存在する「人間」としての特性に注目した内容が教育内容になります。また昨今組織の中に存在する「人間」としてのスキルを向上させる視点から、

38

第3章　リスクセンスを身に付ける（Learning）

ノンテクニカルスキル［☞］の向上に関する教育が活発になっています。

●各階層が身に付けること

《一般実務職》

教育・研修の重要性を今一度学びます。

《中間管理職および上級管理職》

教育・研修制度が機能するよう環境づくりのマネジメントのポイント
を学びます。

◉覚えておきたい語句《注：太字は重要語句》

２種類のヒューマンエラー、スイスチーズモデル、**防護壁モデル**、ノン
テクニカルスキル［☞］、**なぜなぜ分析**［☞］、**ハインリッヒの法則**［☞］、
防災・避難訓練、権威勾配、**４Ｍ管理**［☞］、擬似体験、マニュアルの劣化、
非定常操作の訓練、組織事故、レジリエンスエンジニアリング、事故要
因系統図、事故進展フロー、技術・ノウハウの伝承、**M-SHEL法**［☞］、
VTA法［☞］、**RCA法**［☞］、OJT（On the Job Training）、Know-Why、
ETA［☞］、PHA［☞］、WHAT-IF法［☞］、チェックリスト法［☞］

39

リスクセンス検定　練習問題 7

【問】　作業ミスを起こす原因としてのヒューマンエラーは二つのタイプに分かれます。1つは「ぼんやり」タイプで作業前に作業に大切な事項を頭の中で整理できないまま着手してエラーやミスをしやすいタイプ。もう1つは「あわてもの」タイプで作業する前の一呼吸や指差し呼称などをしないとエラーやミスをしやすいタイプです。

　　2つのタイプのミス削減の着目点は異なります。前者の「ぼんやり」タイプの作業ミスを防ぐには、メモなどをとることが有効といわれています。次の項目のうち「あわてもの」タイプが原因と思われるミスを1つ選んでください。

① 　忘れ物をした。
② 　宛て先を確認しないで間違えたメールを出した。
③ 　顧客に後でメールをしようと思っていたが、メールするのを忘れた。
④ 　会議をすっぽかした。
⑤ 　つまづいて転んだ。

正解は⑤です。

【解説】　⑤以外はこまめにメモをすることで、「ぼんやり」タイプのヒューマンエラーの防止に有効です。

第 3 章　リスクセンスを身に付ける（Learning）

リスクセンス検定　練習問題 8

【問】　失敗事例から学ぶ姿勢として次の①〜⑤のうち、最も正しいと
　　思うものを 1 つ選んでください。

①　失敗事例から学ぶことは、先輩達が経験した失敗を未然に防
　　ぐことであるので、関連する技術内容に関しての事例研究の
　　みが大事である。

②　失敗事例を公にすることは、その企業の技術レベルが問われ
　　るので、企業内での事例研究内に限るべきである。

③　失敗事例はその企業のノウハウである、利益の源泉であるた
　　め関連部署のみへの情報公開に努めるべきである。

④　失敗事例を世の中に公にすることは、その業界に留まらず関
　　連技術の発展にも貢献する。

⑤　失敗を公にすることは、責任を取らなければならないので極
　　力情報公開しない。

正解は④です。

【解説】　どんな技術でも、その分野以外でも関連することが多く、特
に失敗事例を公にして行くことは、組織事故や不祥事の再発防止や未
然防止に重要と考えます。

41

リスクセンス検定　練習問題 9

【問】　職場で一緒に業務をしている契約社員・派遣社員・シルバー人材センター・パートの方々がいます。それぞれに対する安全教育の中で適正と考えるものを次のうちから1つ選んでください。

① 　受入れ時の安全教育だけ着実に行う。

② 　全て正社員と同等に行う。

③ 　ケースバイケースであり、必要に応じタイムリーに行う。

④ 　労働災害・事故の発生時だけ、時間をかけ行う。

⑤ 　派遣社員は派遣会社への指導だけで統一している。

正解は②です。

【解説】　同じ職場で働く人の安全教育は、同じ内容であることが重要です。従って正社員と同等に行うことが適正です。

第3章　リスクセンスを身に付ける（Learning）

【引用・参考文献】

1）リスクセンス研究会：「個人と組織のリスクセンスを鍛える」大空社（2011）

2）リスクセンス研究会：「リスクセンスで磨く異常感知力」化学工業日報社
（2015）

3）河野龍太郎：「ヒューマンエラーを防ぐ技術」日本能率協会マネジメントセ
ンター（2007）

4）黒田　勲：「安全文化の創造へ」中央労働災害防止協会（2000）

5）橋本邦衛：「安全人間工学」中央労働災害防止協会（1990）

6）ジェームス・リーズン 著／塩見 弘 監訳／高野研一、佐相邦英 訳：「組織事故」
日科技連出版社（1999）

7）芳賀　繁：「失敗のメカニズム」日本出版サービス（2000）

第4章　リスクセンスを保つ (Capacity)

　組織の不祥事や事故を防止するための重要な方策は、組織が身に付けたリスクセンスを保っていることを確認することです。その方法は、組織内の活動および運用をモニタリングする仕組みをつくり、定期的にモニタリングを行いリスクセンスが維持されているかどうか、即ち組織としての活動が望ましい状態で推移していることをチェックすることにより確認できます。

　LCB式組織の健康診断®では、防護壁を自分達自身で監視する力（Capacity）が、リスクセンスを保つために必要であると重視しており、C1：モニタリング組織、C2：監査、C3：内部通報制度、C4：コンプライアンスの4つの視点から、その状況を診断しています。

C1：モニタリング組織

　業務が正しく行われているかをモニタリングする独立した組織（定期的にチェックする仕組み）があるか

C2：監査

　監査役監査、内部監査（業務監査）、会計監査、環境安全監査などの企業活動・企業統治向上のために監査を行い、組織の経営目的が達成されているか

C3：内部通報制度

よいコミュニケーションの下で、内部通報制度などのホットライン
があり、周知されて機能しているか

C4：コンプライアンス

不正は許さない・安全の確保が最優先であるという組織のトップの
決意が明確に示され、組織全体で実践されているか

本章では、それぞれの必要性、重要性を学びます。

第4章　リスクセンスを身に付ける（Capacity）

4.1　C1：モニタリング組織

　企業（組織）で事故やトラブル、不祥事が発生すると、なぜ事前に気付き対応できなかったのか、組織の公正さの保持、チェック・監査体制、内部通報の適正性などの議論が活発になされてきました。なかなかゼロにするのが難しいのが実態です。

　不祥事を起こした企業（組織）は、取引先、消費者などからの信頼を失い、最悪の場合には「市場からの撤退・消滅（廃業）」を余儀なくされる事態を招いていることは、周知の通りです。

　「モニタリング」とは、この企業（組織）内での不祥事や事故を防止し、健全で持続的な成長・効率性を確保・担保し、未然防止活動が機能しているかを継続的に評価するプロセス（活動）と言えます。即ち、企業の活動状態を監視し把握するために、観測や測定を行うこと、製品・サービスについての感想や評価を調べることを含みます。また、「モニタリング」では、①実行者以外の第三者による目、②実行者からの独立性、③活動の健全性が重要視されます。

　「内部監査人、監査役、監査法人（会計監査人）、環境安全、品質保証、監査部門、経営管理などの組織」などが"モニタリンク組織"ですが、企業によっては、特任組織（モニタリング時に、独立した権限が付与されている組織）を含めます。例えば、経営者による査察・監査、工場長巡回、総務部・安全部門による査察などにおいて、独立した職務権限を持つことが定められていれば、モニタリング組織に該当します。

◎学習のポイント

　「C1：モニタリング組織」のあるべき姿を次のような状態と設定し、その定着を目指します。

47

「トップに直結した独立した専任組織があり、定期的に査察などがあり十分機能を果たし、担当した人は組織の中枢で積極的に活躍している場合が多い。」

このような組織が実現できていることを点検するポイントを次の3つと考え、リスクセンスを身に付け、保つ方法を学びます。

(1) トップに直結した独立した監査を担当する組織（常設でなくてもよい）があるか

(2) その組織が、事故やトラブル、不祥事の未然防止のための管理・監視する強い職務権限を与えられているか

(3) 担当する人達は、組織で積極的に活躍し発信しているか

＜モニタリング組織を機能させるためには＞

トップに直結した独立したモニタリング組織が機能したM社の事例を以下に紹介します。

M社は、2004年12月に内部監査の結果、M社がディーゼル車向け粒子状物質低減装置（DPF：Diesel Particulate Filter）を開発した過程でデータ改ざんがあったと発表しました。内部監査で本件が顕在化した経緯は以下の通りです。

2003年にディーゼル車の排気ガス中の粒子状物質の総量規制が首都圏の自治体で始まりました。M社は既存のディーゼル車を対象に、セールスポイントを簡単に取り付けることができるとしたDPF装置のビジネスに進出しました。DPF装置は新設した子会社（P社）で開発、生産することとしていました。M社の製品は、セールスポイントが3年間連続使用が可能であることと簡単に取り付けが可能ということであったことから販売開始から大幅な受注が見込まれていました。しかし、技術開発が計画通り進まず、規制開始時に販売できる目途が全くたちませんでした。そこでP社

第4章　リスクセンスを身に付ける（Capacity）

内でDPF装置の承認申請のデータ、当該装置の形状変更届、行政との立会い試験時のデータを改ざんして販売に間に合わせ、業界トップの9,000セットが販売されました。このような中でM社の内部監査部門は、2004年5月にP社の内部監査を行い、問題を見つけ、同年10月に再度監査を行い、データ改ざんの事実を把握しました。

　M社は、2002年のディーゼル発電施設（国後島）に関する不正入札事件を反省し、トップに直結した内部監査を重点施策としていました。

　しかし現実には、機能しない事例が目立ちます。第7章「リスクセンスの視点から診た事故や不祥事の事例」で紹介している以下の機能しない事例から、モニタリング組織が機能するために、どうリスクセンスを発揮したらよいかを3職階層毎に学んでください。

- 保全データの改ざん事件（原子力業界、化学・石油業界）
- 品質検査データ改ざん事件
- リコール隠し事件
- 粉飾決算事件
- 入試過誤
- 食中毒事件
- 発電所での蒸気配管噴破事故
- 石油化学会社の3件の爆発火災事故

●各階層が身に付けること

《一般実務職》

　モニタリング組織設置の趣旨を理解し、その制度の目的を含めた概要を学びます。

《中間管理職》

　モニタリング組織設置の趣旨を理解し、部下の人達がこの組織を有効

49

的に機能できるように環境づくりのマネジメントについて学びます。

《上級管理職》

モニタリング組織が効率的・有効的に機能するために自部門を統括・指導し、経営トップの方針を具体的に推進する手法を学びます。

●覚えておきたい語句《注：太字は重要語句》

監査、監査役、内部監査部門、**第三者の目**、**職務権限**、**モニタリング組織**、管理監督の権限、権限移譲、内部統制の有効性、品質管理、環境管理、安全管理

第4章　リスクセンスを身に付ける（Capacity）

リスクセンス検定　練習問題 ❿

【問】　企業の内部統制が有効に機能していることを評価することを「モニタリング」といいます。この評価が信頼されるものであるために最も必要と考えられていることを1つ選んでください。（内部統制とは、組織がその目的を有効・効率的且つ適正に達成するために、その組織の内部において適用されるルールや業務プロセスを整備し運用すること、ないしその結果、確立されたシステムをいいます）

① PDCAサイクルをまわしてモニタリング活動を実施する。
② トップに直結した、他部門から独立した組織でモニタリングを行う。
③ モニタリングの担当者は定期的に交代させる。
④ モニタリング結果を公表する。
⑤ モニタリングを実施する時期を予め定めて実施する。

正解は②です。
【解説】　トップに直結した独立した組織で運営されないと信頼されません。

51

リスクセンス検定　練習問題 11

【問】　モニタリングには、内部統制（企業経営が健全且つ効率的な運営を進めていくために会社の内部に作られた仕組み）が実際に有効に機能しているかを継続的にチェックすることも含まれており、それを企業内の独立した立場から推進していくのが「モニタリング組織」です。

　　そこで、モニタリング組織の1つを構成する「内部監査部門」の役割について、正しく説明しているのは次の5つのうちのどれか、1つ選んでください。

① 株主の委託を受けた独立の機関としての立場から、取締役の職務執行を監督する責任を有しており、会計監査を含む、業務監査を行うとされており、財務報告の信頼性確保に係る内部統制を含め、内部統制全体が適切に構築・運用されているかを監視、検証する役割と責任を有している。

② 経営者の直属の組織として設置され、内部監査の対象となる部門や業務から独立した立場で、内部統制の構築・運用状況を調査、検討、評価し、組織の責任者に報告し、改善を促す役割を担っている。

③ 企業内の自部門の業務遂行を行う上で、有効な内部統制の整備と運用の役割を担っている。

④ 企業外の独立的立場において、主に企業などの財務諸表などの計算書類が適法もしくは適正に作成されているかをチェックすること）」を基本的な業務としており、経営者の財務報告の信頼性確保に係る内部統制の有効性の妥当性に関する評価の役割も担っている。

第4章　リスクセンスを身に付ける（Capacity）

⑤　企業において、事業戦略・事業計画の企画立案、新規事業の
　　開発などを行う役割を担っている。

正解は②です。

【解説】　①は監査役の説明、③は部門内の管理者、④は会計監査（法
人）、⑤は企画部門の説明です。

リスクセンス検定　練習問題 12

【問】 組織としての活動が望ましい状態で推移しているかどうかを
モニタリング、例えば、内部監査するという仕組みがあっても形
骸化しているケースが多いといわれています。次のモニタリング
組織の中で改善が最も必要と思う事象を1つ選んでください。

① 内部監査室の担当者が兼務となっていて、内容あるモニタリ
ングが行われていない。

② モニタリングの手法して、アンケート方式が多く、且つ調査
の内容が実際の状況を把握していないと皆が感じている。

③ モニタリングをする組織がトップに直結していなく、人事・
総務・経理などと同じ位置付けで管理部門の中の一部門に
なっている。

④ 内部監査の結果など、モニタリングした結果がフィードバッ
クされていない。

⑤ モニタリング部門への人事異動が左遷と感じる雰囲気があ
る。

正解は③です。

【解説】 ③以外のいずれの事象も改善すべき組織運営上の問題の事象
ですが、信頼を得る視点からは、繰り返しになりますが、トップに直
結している組織であることが最も必要です。

第4章　リスクセンスを身に付ける（Capacity）

【引用・参考文献】

1)「企業不祥事の防止と監査役」公益社団法人 日本監査役協会・ケーススタディ
　委員会（2009）

2)「監査役監査における 内部監査部門との連係」－ 公益社団法人 日本監査役協
　会・本部スタッフ研究会（2009）

3)「監査役監査基準」公益社団法人 日本監査役協会（2011）

4)「財務報告に係る内部統制の評価と監査の基準」企業会計審議会（2007）

4.2 C2：監 査

　組織の事故や不祥事が起きないように業務の遂行状況の正確性、適正性あるいは妥当性などを判断し、意見を表明することが「監査」です。

　昨今の化学関連の事故を見ると、種々の防護壁の劣化、取り組みの皮相化（L1：リスク管理、L2：学習態度、L3：教育・研修、B1：トップの実践度、B2：HH/KY、B3：変更管理、B4：コミュニケーション）が見られ、それら複数の劣化により事故が発生しています。現状では、この劣化状態をC2：監査では見つけ出されていないことが多くみられます。経営トップ（安全担当の取締役の場合もある）が監査に参加し、工場で安全第一の経営姿勢を示すことや監査のレベルアップ（監査方法の見直しを含む）により、劣化状態を見つけ出せるような監査が必要です。

◎**学習のポイント**

　「C2：監査」のあるべき姿を次のような状態と設定し、その定着を目指します。

　「定期的に社内の監査人および社外の監査人により、複数の監査（書類監査、現場監査）が各監査間で時期、その内容などの調整を行って実施されており、問題点も的確に摘出されている。そして、その結果は公表されてPDCAサイクルを実行することで改善に結び付けられている。」

　このような組織が実現できていることを点検するポイントを次の2つと考え、リスクセンスを身に付け、保つ方法を学びます。

(1)　書類監査と現場監査の複数の視点からの監査を行っているか。例えば、会計監査、監査役による監査、ISO、内部監査部門による業務監査、組

第4章 リスクセンスを身に付ける（Capacity）

織トップによる労働安全衛生監査、公正な取引に関する監査など。

(2) それらの監査は、PDCAサイクルが実施されていて監査の目的が達成されているか。

4.2.1 監査のレベルアップ (1)－複数の監査の実施

監査には、監査役による監査、内部監査部門による業務監査、会計監査、ISOなどによる品質・環境・安全監査（内部監査、外部監査）の他、本社による環境安全査察（監査、巡視）、工場幹部が行う巡視、化学業界で行っているレスポンシブル・ケア検証などがあります。監査（audit）、検証（verification）、査察（inspection）、巡視（patrol）は厳密な意味では異なりますが、複数の目で監査を行うことによりレベルアップが期待できます。

4.2.2 監査のレベルアップ (2)－専門性を持った人による監査

囲碁や将棋の場合、初心者が何人いても有効な次の一手が見つからなく、有段者1人に敵いません。監査の場合も専門性を持った人による監査が求められます。

監査人には、①誠実性、②客観性・独立性、③秘密の保持、④専門的能力が必要とされています。特に、取組内容を的確に把握し、具体的な指摘、改善提言を行うに際し、②客観性・独立性、④専門的能力は欠かせない要件であり、常日頃からの研鑽が求められています。

4.2.3 監査のレベルアップ (3)－リスクアプローチ法

定形化した取組全体をみる監査ではなく、テーマを決め、厳密な監査を行う場合、結果として、業務改善のための指摘とか、業務のボトルネックになっている部分や対象部門が気付いていないリスクやコントロールの脆弱性を指摘し、改善提言をすることが多いようです。リスク対策をとった

57

のちのリスク、残留リスクについて十分な認識を共有化もできているようです。

的確なリスクアプローチ法は効果があり、以下のような事例があります。

①　リスクアセスメントの精査：全体計画、工程毎にどのように行ったか、問題点と改善策、リスクの見落としがないか一覧と個々の記録を確認する。

②　HAZOP［☞］の実施状況（全体計画、指導者と参加メンバー、内容、設備改善）

①②については、専門性が必要であり、精査時間がかかるため、事前に専門チームによる確認を実施しているケースもあります。

③　環境安全のあるべき姿（10数項目をできるだけ数値化した目標で示す）を本社で設定し、各工場では、自工場のレベルを判定報告し、本社で査定する。毎年向上の度合いを確認し、レベル向上（トップ）を目指して活動していく。

④　日本化学工業協会 作成の「保安事故防止ガイドライン－最近の化学プラント事故からの教訓－（平成25年4月発行）」、全国危険物安全協会作成の「業種固有の危険性評価方法」などのチェックリストを活用した監査を行う。

また、日本化学工業協会 作成「保安防災・労働安全衛生活動ベストプラクティス集」は、監査などで安全活動の先進的な事例として薦めます。

加えてレスポンシブル・ケア検証の活用も薦めます。

化学工業界では、化学物質を扱うそれぞれの企業が化学物質の開発から製造、物流、使用、最終消費を経て廃棄・リサイクルに至る全ての過程において、自主的に「環境・安全・健康」を確保し、活動の成果を公表し社会との対話・コミュニケーションを行う活動を展開しており、この活動を

第4章　リスクセンスを身に付ける（Capacity）

『レスポンシブル・ケア（Responsible Care）』と呼んでいます。この自主活動の質を高め、且つ活動に対する説明責任を果たすため、日本化学工業協会は、レスポンシブル・ケア検証を実施しています。企業の取組レベルの確認ができ、また化学業界OBから各種アドバイスを受けることができます。化学企業の場合、レスポンシブル・ケア検証には、活動検証と報告書検証の2つがあります。

●各階層が身に付けること

《一般実務職》

「監査」の重要性を学びます。

《中間管理職および上級管理職》

「監査」が機能するよう環境づくりのマネジメントを学びます。

◉覚えておきたい語句《注：太字は重要語句》

三様監査[☞]、**会計監査（適正性、妥当性）**、**業務監査**、内部監査、ISO、**レスポンシブル・ケア検証**、**第三者の目**、外注管理、監査役、PDCAサイクル、マンネリ化、職務権限、権限移譲

リスクセンス検定　練習問題 13

【問】　監査を受ける体制として、最も適切と思うものを1つ選んでください。

① 問題点が発覚するとその後の是正処置策定に時間を要し業務が増えるので、怪しいものはでき得る限り隠し通す。

② 問題点を指摘された場合は、反論をし「不適合」を出させない。

③ 自分の業務の改善点に気付く機会と考え、審査員の意見を素直に受け止める。

④ 「改善の機会」ではあるが、日常の業務が優先であり、余裕のあるときに取り組む。

⑤ 審査員は当該業務の専門家ではないので、自分がプロフェッショナルだ、という気持ちで審査に望む。

正解は③です。

【解説】　業務を推進する際にリスクや脅威の見落としがないかを複数の視点から監査をします。この監査目的にあった行動は③だけです。

第4章　リスクセンスを身に付ける（Capacity）

リスクセンス検定　練習問題 ⓮

【問】　仕事に厳しく部下の意見に耳を貸さないワンマンな上司が利用
しているパソコンのディスプレイに ID とパスワードが記載され
ている付箋紙が貼ってあります。社内規定に違反しています。来
週社内監査があります。

　　あなたが職場の社内監査を受ける担当者の1人として、どのよ
うな行動をとったらよいか、次の5つのうち、最も相応しいと思
う行動を1つ選んでください。

①　激しく怒られることを覚悟して注意する。

②　黙ってそのままにしておく。

③　同僚に「一緒に上司に注意しよう」と相談し、賛同を得たら
　　注意する。賛同が得られなかったらそのままにしておく。

④　内部通報制度を使用して通報する。

⑤　職場内で担当者として事前監査を行うことを決め、事前監査
　　を行い、付箋が社内規定違反であると指摘し取り除く。

正解は⑤です。

【解説】　社内監査を受ける前に不具合が発見されたら、監査を受ける
前に改善することが望ましいです。特に上司に係る事項の場合は、指
摘の仕方に配慮が要り、①の方法よりは⑤の方法がよい行動です。

61

リスクセンス検定　練習問題 ⑮

【問】　今日の内部監査に求められている新しい役割とは何か、正しい
　　　と思うものを１つ選んでください。

① 会社方針やあるべき規程など自身の評価、即ち「あるべき規
　程やルールがあるか、それらが実務と乖離していないかなど
　の助言・提案を行う、コンサルティング業務」としての役割
　も求められている。

② 経営の重大な損失を未然に防止する「予防監査」や「効率性
　監査」並びに「内部統制リスクマネジメントを含めた内部統
　制システムの構築・運用状況監査」が求められている。

③ 金融商品取引法に基づく「財務報告の内部統制」に関する適
　性性および妥当性監査が求められている。

④ 会社法に基づき、取締役会の専決事項となっている「内部統
　制システムの方針決議とその構築・運用状況」に関する状況
　監査である。

⑤ 良質な企業統治体制の確立に向け、三様監査（監査役の監査、
　内部監査部門の監査、監査人の監査）の連係推進役を担って
　いる。

正解は①です。

【解説】　従来の監査業務に加えた、内部監査の新しい業務です。

第4章　リスクセンスを身に付ける（Capacity）

【引用・参考文献】

1)「監査役スタッフ業務マニュアル」公益社団法人 日本監査役協会・本部スタッフ研究会（2008）

2)「監査役監査基準」公益社団法人日本監査役協会（2011）

3)「財務報告に係る内部統制の評価と監査の基準」企業会計審議会（2007）

4) 倫理綱要 － 一般社団法人 内部監査協会

5) 島田祐次 編：「内部監査人の実務テキスト」日科技連出版社（2009）

4.3　C3：内部通報制度

　本項は、防護壁モデルに基づく組織の健康診断項目のうち、唯一未然防止の視点とは異なり、不祥事や事件などが起きつつある状態において、適切な組織運営およびリスクセンスを身に付けた人の行動により、不祥事や事件は大幅に低減できることを学びます。

　組織事故の全てを未然に防止することは不可能で、事故や不祥事が発生したらいかに早期に顕在させるかが重要で、その1つの手段として内部通報が活用されています。

　組織の中で法律に違反した行為が行われていたり、違反する恐れのある行為が行われていることを知ったが、直接その当事者に指摘し止めさせることが難しい場合、また不正行為だけではなく、無知や未知に起因する何か変だなという事項に気が付き、上司に報告することがためらわれるときに、「内部通報制度とよばれる社内外ホットライン」を活用して違反の行為をやめさせる制度や、組織内外の「上位職者や関係者へ通報しやすいエスカレーションと呼ばれる制度」が設けられています。公益のために通報を行った労働者（内部通報者）に対する解雇などの不利益な取扱いを禁止する法律として公益通報者保護法があります。

　企業により異なりますが、下記のような仕組みがあります。

- 倫理遵法ホットライン：社内および社外（弁護士事務所）のいずれにも相談可能。相談方法は、社内の場合はメール、匿名ホットライン、投書、電話（外線）など、社外の場合はメール、投書、電話　など
- ヒヤリハット提案制度、良識の箱、目安箱なども内部通報制度の1つです。

　しかし、これらの仕組みはなかなか機能していなく、社員への周知も不十分のようです。

64

第4章　リスクセンスを身に付ける（Capacity）

◎学習のポイント

　「C3：内部通報制度」のあるべき姿を次のような状態と設定し、その定着を目指します。

「内部通報制度などのホットラインが社内外にあり、周知徹底され、機能し、実績がある。そして改善に結び付けられている。」

　このような組織が実現できていることを点検するポイントを次の2つと考え、リスクセンスを身に付け、保つ方法を学びます。

(1)　あなたが所属する組織にそのような趣旨の内部通報制度が周知されているか。

(2)　設けている場合、その制度は機能しているか。

4.3.1　内部通報制度を機能させるために

　この制度を利用できる対象を、正社員、契約社員、派遣社員、アルバイト、請負会社社員などの業務従事者の他、顧客、取引先なども含む方向で運営されています。

　内部通報制度で通報対象の範囲は以下の通りです。

① 　法令違反

② 　経営に関する重大リスク

③ 　ハラスメント（セクシュアルハラスメント、パワーハラスメント、マタニティハラスメントなど）

④ 　その他－組織の中で生活していて何かおかしいな、変だなと感じる事柄

　多くの通報者にとって通報したくてもその内容に自信が持てないケースもあり、通報しやすい仕組みづくり、取り組みが必要となります。

65

コンプライアンスに関する会社の方針を理解しているものの通報をするという行動に移す人の割合は極めて少ないようです。また通報者が気まずい思いをするような対応が続くと内部通報制度は次第に利用されなくなってしまう傾向になります。これを回避するために日頃から以下の事項に配慮が大事と考えます。

①　常日頃のよいコミュニケーション

　通常の業務遂行の中で「何かおかしいな、変だな」と感じたら同僚なり上司におかしいとか変だということを言い出し、相談できる組織風土をつくりあげることが大切です。

②　内部通報制度やコンプライアンスを支援・尊重する職場づくり

　内部通報制度やコンプライアンス、内部監査などの教育を気持ちよく受講させる。また同制度の運営状況の報告や制度の運営に関しアンケート調査などにも積極的に支援する職場の環境づくりが大切です。

③　職制や社内報などでの周知徹底

　職制が定期的に周知に努めると共にコンプライアンスの担当部門が行う周知徹底の取り組みには積極的に支援する職場の環境づくりが大切です。

●各階層が身に付けること

《一般実務職》

　内部通報制度の趣旨を理解し、具体的な内部通報の仕方について学びます。

《中間管理職および上級管理職》

　内部通報制度の趣旨を理解し、部下の人達が積極的に本制度を利用し、不祥事や事件、トラブルが公になる前に組織内で顕在化させ且つ通報に対応できる環境づくりのマネジメントの実施について学びます。

第4章　リスクセンスを身に付ける（Capacity）

◉**覚えておきたい語句**《注：太字は重要語句》

　　内部通報制度、同制度の対象者、**法的違反の指摘**、コンプライアンス、**ホットライン**、ハラスメント、**目安箱**、匿名性、**公益通報者保護法**、よいコミュニケーション、**風通しのよい職場**、内部監査、三現主義

リスクセンス検定　練習問題 16

【問】　内部通報制度が制定され、運用が開始されました。内部通報制度の趣旨と異なる行動と考えられるものを1つ選んでください。

① 上司からパワーハラスメントを受けたのでこの制度を活用し、社外通報窓口へ通報した。

② 同僚からセクシュアルハラスメントを受けたのでこの制度を活用し、社内通報窓口へ通報した。

③ 職場で火災が発生したのでこの制度を活用し、社内通報窓口へ通報した。

④ 上司が売上予算を達成するために架空売上伝票を作成しているのを目撃したので社外通報窓口へ通報した。

⑤ 上司が経費が少ないことを理由に社有車の法定点検（車検）をしないことを決めたので社内通報窓口へ通報した。

正解は③です。

【解説】　③は内部通報制度が対象としている通報内容ではありません。①、②も企業によっては人事関係部門などの別のホットラインを設けているところもあります。火災発生の事実は安全や消防などに関し設けられている外部への緊急連絡網を優先するのが原則です。

第4章　リスクセンスを身に付ける（Capacity）

リスクセンス検定　練習問題 17

【問】　内部通報制度の目的から外れる事項と思うものを１つ選んでください。

① 内部通報制度とは、企業において法令違反や不正行為などのコンプライアンス違反の発生状況を知った者が、直接通報できる仕組みで、コンプライアンス経営を機能させるうえで重要な制度である。

② 内部通報制度は、社内通報窓口の設置と共に外部機関への通報が可能なような制度にすべきである。

③ 内部通報制度は、違反の恐れがあるという状況の段階でも通報できる制度で、違反を未然に防ぐという意味で必要なことである。

④ 社内的な上司－部下間のコミュニケーションが十分なされていれば内部通報制度は特別必要なものではなく、おかしいと思ったことを上司に言えばよい。

⑤ 内部通報した者は、その故に解雇や不利益な取扱いを受けることのないよう「公益通報者保護法」によって保護されている。

正解は④です。

【解説】　上司－部下間のコミュニケーションが十分なされていても、おかしいと思ったことを常に上司に言うことができない場合も出てきます。また、おかしいと言った内容が上司に都合が悪くなる内容の場合は対応してくれない場合もあります。そのような場合、おかしい内容が法令違反や不正行為に関する事柄の場合、内部通報制度を活用することでの対応が必要となります。

69

リスクセンス検定　練習問題 18

【問】　ある企業で、「Ａ課において、作業員が実際に行っていない残業をあたかも残業を行ったように申請し、組織的に残業手当を不正に取得していた。」とのことが、匿名で内部告発がありました。Ａ課の課長の私がとった行動の中で最も好ましくない行動を１つ選んでください。

① 作業員へ直接行った調査内容と自分の知っていることとを合わせて、内部通報窓口と上司に報告・相談した。

② 作業員への調査を行った部下からの報告内容および自分の知っていることは、本来、内部通報担当部署が行うものであり、呼び出しがあるまで、黙っていることにした。

③ 自分の知っている範囲で、正確に事実を上司に報告・相談したが、何の反応もなかったので、内部通報窓口にも報告した。

④ 噂に上っているその作業者とは懇意であるが、内容が内容であるので、内部通報窓口に自分の知っていることを連絡した。

⑤ 漏れ聞く残業手当の不正取得についての有無の調査を行い、不正に取得していたことを確認したのでその対策・改善の提案を上司に行った。

正解は②です。

【解説】　内部告発があった当該課の課長として黙っていることは好ましい行動ではありません。課長として、把握している内容をできるだけ早く上司に報告する行動が求められます。

第4章　リスクセンスを身に付ける（Capacity）

【引用・参考文献】

1）サントリーグループの内部通報制度

　http://www.caa.go.jp/seikatsu/koueki

2）ビジネス法務の部屋：内部通報制度

　http://yamaguchi-law-office.way-nifty.com/weblog/cat20109435/index.html

4.4　C4：コンプライアンス

コンプライアンス順守が叫ばれながら不祥事が後を絶ちません。「コンプライアンス」は極めて広い概念であり、社内研修では議論がともすれば抽象的になりがちです。そのため、各部門が直面している課題に関連した具体的な事例をとりあげ、多方面から繰り返し研修して行くことが、コンプライアンスおよびリスクセンスを維持し続けて行くために重要です。

企業として社会的に存続するには"法律遵守"だけでなく、組織は"不正な行為は許さない""安全の確保が最優先である""差別はしない""平等・公平"など、社会から求められている事柄にきちんと対応すること、即ち「コンプライアンス」が求められています。

◎**学習のポイント**

「C4：コンプライアンス」のあるべき姿を次のような状態と設定し、その定着を目指します。

「"不正な行為は許さない""安全の確保が最優先である""差別はしない"などの方針・目標が組織のトップから明示されており、ホームページなどを活用し社内外に継続的に発信され、組織のトップ自ら実践している。また、実際の組織運営において組織の利益追求などの目標と合致している。」

このような組織が実現できていることを点検するポイントを次の四つと考え、リスクセンスを身に付け、保つ方法を学びます。

(1)　組織のトップから方針・目標が明示され、実施されているか。

(2)　定期的なコンプライアンスの研修が行われているか。

(3)　上記(1)のトップの方針・目標は、ホームページ、社内報、掲示板など

第4章　リスクセンスを身に付ける（Capacity）

を活用し社内外に継続的に発信されているか。

⑷　上記⑴のトップの方針・目標をトップ自ら実践しているか。

4.4.1　機能するコンプライアンス活動を目指して

　「コンプライアンス」は、組織運営において、組織の利益追求（生産優先、営業優先、スケジュール優先）と企業倫理とのバランスで論じられてきていて、企業の不祥事が大きな社会問題となった10年程前から不正防止の視点から盛んに使われ出しました。

　原子力発電プラントや石油精製、石油化学のプラントなどで頻発した保全データのねつ造事件は、経営層の生産量確保のためのプラントの予算稼働率厳守の方針や、厳しい経費削減目標の達成方針を実現させるために起きたと指摘されています。また決算の数字をよく見せるための粉飾決算も経営層の意向を汲んで起きています。

　「コンプライアンス」という言葉は、もともとアメリカにおいて法律違反に関連した用語として使われたためか、「法令遵守」と訳されてきたようですが、現在は、極めて広い概念を持つようになりました。「コンプライアンス（compliance）」は、「comply」の名詞形で、狭義には、上述のように「法令遵守」ですが、「倫理法令遵守」「法律が制定された背景を理解した行動」との解釈もあります。

　ステークホルダーの期待・要請に応え、社会的信用を高め、ひいては企業価値を高めていこうという「コンプライアンス経営」を積極的に展開する企業も出始めています。

　「コンプライアンス」は「企業の社会的責任（CSR）」と重なる部分が多く、マネジメント層の「率先垂範」が極めて重要といえます。

●各階層が身に付けること

《一般実務職》

コンプライアンスの意義を理解し、コンプライアンス違反が企業に与えるダメージについても過去の事例から学びます。

《中間管理職》

部下がコンプライアンスに沿った業務が行えるよう環境整備、教育研修を行い、そのマネジメント法を学びます。

《上級管理職》

企業が行っているコンプライアンス活動がさらに発展し、企業価値が高まるよう行動し、そのマネジメント法を学びます。

◉覚えておきたい語句《注：太字は重要語句》

企業倫理、**法令遵守**、**不正防止**、**社会的規範**、**社会の眼**、**平等・公平**、労働安全衛生法、安全配慮義務、消防法・関連法令、下請法、独占禁止法、製造物責任、情報の保護・管理、知的財産の保護、人権・多様性の尊重、ハラスメント、内部通報制度、経営の透明性

第4章　リスクセンスを身に付ける（Capacity）

リスクセンス検定　練習問題 🔟

【問】　不正行為が行われる場合は、不正のトライアングル（動機、機会、正当化）が成立するといわれています。次の行為の中で、改善したほうがよいと思われるものを1つ選んでください。

① 発注、承認、検収作業を1人で担当していないかの洗い出しを行っている。

② 発注者、検収者を分けるなど、牽制機能が働くようにしている。

③ 組織内に「不正は罰せられる」という風土を確立するようにしている。

④ コミュニケーションを密にし、組織内の問題を把握するように努めている。

⑤ 書面での発注は手間なので、担当者間での口頭の発注方法を取っている。

正解は⑤です。

【解説】　発注は、その内容に齟齬が生じないように、書面で行い、上司の承認を得、記録に残すべきです。また、業務を分担し、牽制機能が働くようにすると共に、特に発注担当者は定期的に変更すべきです。

リスクセンス検定　練習問題 20

【問】　コンプラアインス違反は、組織文化・組織風土によってつくり
あげられた「目に見えない組織としての規範」と「法規制」が異
なったときに起きやすいといわれています。次のうち、コンプラ
イアンス違反が起きやすい組織行動を 1 つ選んでください。

① 法律を犯した人に対し、社内規定に則り、厳格に処分される。

② 不祥事が起きたとき、二度と繰り返さないような抜本的な対
策がとられる。

③ 法律違反よりも組織内部の規範に反するほうが厳しい処遇を
受ける。

④ タテマエの世界でなく、全て本音で業務を進めることができ
る。

⑤ 内部通報制度が機能している。

正解は③です。

【解説】　権威勾配の強い組織における上位の役職者の意向や過去から
のしきたりが、法律より優先していた組織で起きた粉飾決算事件や品
質や環境などのデータ改ざん事件などの事例から理解して頂けると思
います。

第4章　リスクセンスを身に付ける（Capacity）

リスクセンス検定　練習問題 21

【問】　コンプライアンス順守の定着状況を調査するために、コンプライアンス担当部門から任意に選ばれた人として5択式の分厚いアンケート調査表が送られてきました。多忙でアンケートにどう対応するか迷っています。好ましいと思う態度を1つ選んでください。

① 多忙でアンケート調査表を読む時間すらなく、拙速で回答したくないのでアンケートに応じないことにする。

② 見聞きしたことがない記述があるので、それらに「知らない」とコメントして自分の判断できる範囲でアンケートに回答する。

③ 見聞きしたことがない記述があったが、選ばれた人とのことであったので何とか回答しようと、同僚に相談して回答する。

④ アンケートの設問の趣旨がわかったので設問者が望んでいる結果になるよう配慮して回答する。

⑤ 多忙でアンケート調査表を読む時間がないので、アンケートの依頼がきていない同僚に頼んで回答してもらう。

正解は②です。

【解説】　職場の実態を把握しようと実施されたアンケートのようです。自分の考え、把握していることを正確に記載することが大切です。相談、依頼、会社の意向の勘案は、絶対に避けなければなりません。

第5章　リスクセンスを鍛える (Behavior)

　組織が"健康な"状態を維持できるように、組織のトップは運営方針や目標、決意を明確に示し、組織の各階層においてはそれらを基に自分達の職務遂行に適するように具体化した方針や目標を作成し、業務のPDCAサイクルを実践しています。

　組織の運営方針や目標、決意が実践されている状態について、次の4項目をとおしてリスクセンスを鍛えます。

B1：トップの実践度

　組織のトップが掲げた方針・目標が組織のメンバーにブレークダウンされ、実施されているか。

B2：HH／KY

　日常の活動に潜む異常・危険を全員で洗出し・予知し、共有して改善に取り組み、効果を上げているか

B3：変更管理

　日常起きている「業務上の変更（例：設備、基準・運転方法、従事者、予算）が適切な手順で行われ、リスクの評価（残留リスクの顕在化を含む）、変更審査・承認を経て、適切な範囲・タイミング・内容で伝わり、それぞれが適切な変更管理（周知、指示、手順書、教育、履歴など）が行われているか

B4：コミュニケーション：「報・連・相＋反（報・連・相に反応すること）」
を通じ、相互コミュニケーションが行われているか、話しやすい職場
になっているか

第5章　リスクセンスを鍛える（Behavior）

5.1　B1：トップの実践度

　組織事故の解析を通じて、組織のトップがその役割を果たさなかったことが事故や不祥事の原因と指摘される事例が増えています。

　最近続いた化学プラントの事故も、組織のトップがその役割を果たさなかったことが原因の1つと推察されています。

　マネジメントに事故の原因の1つがあったとされる事象は、事故を起こした現場では、本社他からの業務依頼に対応するのに追われ、日常、現場管理に十分力を注げない状態であったことが挙げられています。これを裏付けるように再発防止策として当該課が現場管理に十分な時間を確保し続けることができるようにと強い権限を持った工場の窓口グループを設け、そこで本社を始めとした各部署からの依頼事項を全てを一旦受付、優先順位を付け当該ライン管理者に対応させるという仕組みを設けている事例です。不祥事の1つである粉飾決算の原因は、ほとんどの場合、トップの過度に業績をよく見せたいというマネジメントが主原因と指摘されています。

◎**学習のポイント**

　「B1：トップの実践度」のあるべき姿を次のような状態と設定し、その定着を目指します。

「組織のトップが掲げた組織の活動（安全、品質、環境、コンプライアンスなどの活動）に関する方針・目標が職階層において具体化されて、トップの積極的な実践により言動が一致していることから、組織全体として、PDCAサイクルがきちんと実行されて成果が出ている。」

　このような組織が実現できていることを点検するポイントを次の4つと

81

考え、リスクセンスを身に付け、保つ方法を学びます。

⑴　あなたの組織では、組織のトップが掲げた方針・目標を各階層において具体化していますか。

⑵　その具体化は、リーダーシップを発揮しトップの言動の一致を伴って確実に実践されていますか。

⑶　その具体化では、PDCAサイクルが実行されていますか。

⑷　トップは部下からの信頼を得ていますか。

5.1.1　安全第一

　安全が全てに優先するという強い方針が必ずしも定着していない組織において、現場の人にとって安全な行動をとることを躊躇させるようなトップの言動が背景にあって事故やクレームなどが起きた例は非常に多いようです。

　一例を挙げると、安全講話でトップが安全は全てに優先すると従業員に話しているときに、例えば、納期トラブルが起きた職場において納期厳守の話もするトップを見かけることがあります。このような場合、第一線の実務者はトップの「安全第一」への強い姿勢を感じるでしょうか？

　具体的な事例で生産現場の行動を推察してみましょう。

　ジャストインタイムやミニマム在庫での生産活動が定着している現在、生産品の納期が守れない場合には顧客に多大な迷惑をかけるような生産現場が多くなっています。このような生産現場で特に綱渡り的な生産を続けているときに突然生産ラインに異常現象が起きたとします。多くの現場がそうであるようにこの生産現場の操作手順書でも当該ラインの異常の際には当該ラインを緊急停止させ、異常現象の原因を究明し、その原因を除いてから再稼働すると決められているとします。当該ラインを停止させれば納期に間に合わないことが明白な場合、次の2つの現場行動が推察されま

第5章　リスクセンスを鍛える（Behavior）

す。

　安全が全てに優先するというトップの方針が定着している現場では、当該ラインを緊急停止させると共に、生産部門の責任者を通じ、販売部門に生産ラインに異常が起き納期が守れなくなったことを伝え、販売部門が顧客にお詫びしながら事情を説明する一連の行動が推察されます。

　一方、トップの「安全第一」への強い姿勢を感じない現場の場合は、顧客に迷惑をかけたくないと考えがちで、例えば、次のような不安全行動、不具合が起きた生産ラインをそのまま注意深く監視しながら稼働させ生産を続けるとか、当該ラインを稼働させたまま不具合の原因を取り除こうとするような不安全行動をとる可能性、ゼロとはいえないのではないでしょうか。

　生産現場の人にとっては安全が全てに優先するという安全文化を構築することの難しさを感じます。安全行動をとることを躊躇させるような二律背反的なトップの言動が背景に在って、生産現場が会社のためにと行動して事故が起きた例は非常に多いことを思い出してください。

5.1.2　トップのとるべき行動

　トップの言動が一致していないと組織の構成員が判断すると、組織の機能の低下から始まります。個々の構成員のモラル低下は、種々の不祥事や事故の温床、さらには発展して不祥事や事故災害の発生につながります。特に、トップのコンプライアンスに対する意識が低くなれば、中間管理職や第一線の一般実務職にも法令遵守の意識が下がり、法違反に対して抵抗感がなくなります。多発している環境データや保全データの偽造、企業収益の虚偽記載、やらせなどは法の不遵守の例です。

　組織はトップの実践度により、健全にも不健全にもなります。組織の健全性を保つためには、トップの率先垂範が重要です。望ましいトップの具体的な行動例を「事故・不祥事の未然防止」および「事故・不祥事の再発

83

防止」を効果的に推進する事例で紹介します。トップの行動として次のような行動が必要です。

① 直接原因にとどまらず、間接原因、背後要因、組織要因まで含めた原因の究明を指示する。

② 的確な対策を策定させる。

③ 対策実施の優先度、緊急度を見極める。

④ 対策実施に伴う経営資源を投入する。

経営が苦しく、対策を実施するための資金に余裕がなく、予備費用でも賄えない事態はしばしば起こり得ます。このような事態での安全を最優先にしているトップの行動として以下のような行動が必要です。

① 対策を実施しない内は、設備の稼働が危険であるとか、業務上の大きなリスクが考えられる場合は、設備の運転停止や業務の停止を指示し、組織を挙げて対策実施を急ぐ。

② 対策実施の優先度、緊急度が高いと判断する場合、当該部署の予算内にこだわらず組織を挙げて資金を工面して対策を実施する。

③ 予算に挙げていた項目のうち、その優先度・緊急度からして実施を遅らせてもよい案件があればそれを延期し、緊急性の高い対策を実施する。

④ 多額の投資を伴う場合、経営課題としてとらえ、単年度にこだわらず複数年度にわたってもよいから順次実施し、その計画を組織内で共有する。

●各階層が身に付けること

《一般実務職》

自分に求められる役割を理解するヒントを学びます。

《中間管理職》

トップの思いとその中で自分に求められる役割を理解し、業務遂行環

第5章　リスクセンスを鍛える（Behavior）

境をどう整備するか、学びます。

◉**覚えておきたい語句**《注：太字は重要語句》

トップの率先垂範、**部下からの信頼**、リーダーシップ、経営理念、

行動指針、トップの役割、目標管理、トップのLCB11項目への関与、

安全衛生委員会［☞］、OSHA［☞］

リスクセンス検定　練習問題 22

【問】　トップおよび上級管理職の次の5つの行動の中で、改めたほうがよいと思うものを1つ選んでください。

① 社長が新年の年頭のあいさつでコンプライアンス・安全第一を強調した。

② 安全担当の役員が定期的に工場の安全成績を役員会で報告している。

③ 工場の安全衛生委員会と本社の役員会が重なることが多く、工場長は役員会で工場の安全状況を報告するため、安全衛生委員会への欠席が多い。安全担当の部長が工場長の代理として安全衛生委員会を主宰している。

④ 毎年、本社の安全担当の役員が工場の安全パトロールに参加している。

⑤ 毎年、工場回り持ちで全社の安全大会が開催され、社長や幹部役員同席のもと、各工場の安全活動、改善活動が発表されている。

正解は③です。

【解説】　本社役員会での報告、工場の安全衛生委員会への出席、どちらも重要です。工場長は安全衛生委員会の年間スケジュールを策定させる際に、本社の役員会と重ならないように事前に指示し、調整すべきです。

第 5 章　リスクセンスを鍛える（Behavior）

リスクセンス検定　練習問題 23

【問】　次の 5 つは、管理職（中間管理職、上級管理職）が机上での管理の際の陥りやすい錯覚といわれているものです。これらは現場巡視の際にその錯覚に気付くことができますが、現場巡視の際に必ず確認できると考えられるものを 1 つ選んでください。

① 指示したことは必ず守ってくれている。

② 教育したことは必ず実践してくれている。

③ 必要なことは文書で通達すればよい。

④ 病気することなく健康な状態でいる。

⑤ これくらいのことは常識として知っている。

正解は④です。

【解説】　この問題は、机上管理で陥りやすい項目を常に意識しているかどうかをチェックする問題です。実際の現場巡視で確認できるものは、表面的な現象の一部であり、その中で何を確認できるかを意識しなければなりません。

① 指示したことが正しく伝わっているか、理解しているかは、難しい問題で順守は希望的な観測です。

② 教育の案件も、正しく理解しているか、また理解と実践には大きな隔たりがあることを認識すべきです。

③ 文書で通達しても読んでいるか、読んでも理解しているかはわかりません。通達の徹底を図るためには、別途対応が必要です。

④ 全ての人が健康でいるかの判断は難しいが、巡視で会った人の健康状態はおおよそ判断ができます。

⑤ 常識が通用するか、極めて難しい問題であり、真に知っている

87

かは、常識で判断することなく別途確認が必要であり、希望的な観測といえます。不祥事が発生したときの会社員の行動について、「会社の常識は、社会の非常識」と世間ではよくいわれます。これは会社人間の行動が、市民（社会）としての常識とは乖離があることを述べたものです。真に戒めるべき言葉といえます。

第5章　リスクセンスを鍛える（Behavior）

リスクセンス検定　練習問題 24

【問】　管理者が部下を集めて安全の話をします。第一線の実務担当者
　　向けの安全講話の内容としてふさわしいと思うものを1つ選んで
　　ください。

① 安全の話に生産予算が未達成な生産状況の話もした。
② 安全の話に最近品質トラブルが起きたこともあり品質確保の
　　話もした。
③ 安全だけの話に限定し安全第一の気持ちを伝えた。
④ 安全の話に最近納期トラブルが起きたこともあり納期厳守の
　　話もした。
⑤ 安全の話に最近環境トラブルが起きたこともあり環境問題の
　　話もした。

正解は③です。

【解説】　前記（p.82）トップの言動に記載した通り、トップは、安全
が第一であることを伝える場合、安全が全てに優先する姿勢を示すこ
とが重要と心得、③を選んで欲しい。

【引用・参考文献】

1）リスクセンス研究会：「個人と組織のリスクセンスを鍛える」大空社（2011）
2）リスクセンス研究会：「リスクセンスで磨く異常感知力」化学工業日報社
　（2015）

第5章　リスクセンスを鍛える（Behavior）

5.2　B2：HH/KY

　トラブルや事故を未然に防ぐためには予め危険を予知して対策をとること、またトラブルなどが発生した場合、予兆の事象の段階で対処することが肝要です。危険予知（KY）活動やトラブルや事故などの初期の事象が発生した段階で対策をとるヒヤリハット（HH）活動、さらにはHHのようないつもと異なった事象が起きないよう５S[注]活動などが展開されていたにもかかわらず、トラブルや事故に至った例が相変わらず多く報告されています。原因として、それらの活動のマンネリ化や形骸化、さらにはHH活動の場合、HH件数の提出を強制していることが遠因のやらされ感などが挙げられています。

◎学習のポイント

　「B2：HH/KY」のあるべき姿を次のような状態と設定し、その定着を目指します。

　「些細なエラーやトラブルでも発生原因の掘り下げを行い、人的のみならず組織的要因の分析まで行っている。また、５S活動、KY活動やHH活動の３つの活動が実施されていて、PDCAサイクルを実行して成果を挙げている。」

　このような組織が実現できていることを点検するポイントを次の３つと考え、リスクセンスを身に付ける手法について学びます。

(1)　あなたの組織では、５S活動、KY活動やHH活動の３つの活動が実施されているか。

[注] 整理、整頓、清掃、清潔、しつけの頭文字のSにちなんだ活動

91

⑵　上記⑴の３つの活動ではPDCAサイクルが実行されているか。

⑶　エラーやトラブル、不祥事が起きたときは、ヒューマンファクターのみならず組織の要因まで原因究明を行っているか。

5.2.1　活動のマンネリ化

マンネリ化対策の１つとしてHH件数の提出が少なくなったことも勘案し、実際には起きていない仮想のHHの事象を提案させる仮想HH活動を展開している企業も多くなっています。KY活動では、リスクレベルが高いと評価した行動をリスクアセスメント活動の一環として位置づけ活動を展開している企業もあります。ワンポイントKYT（危険予知訓練）も効果がある活動と評価されて多くの企業で定着しています。

５S活動も、３S（整理、整頓、清掃）とか６S（５Sにセンスを加える。ある行動をすることを奨励）とか、マンネリ化防止の工夫がなされています。

いろいろな組織の活動からマンネリ化を防ぐ手法を学ぶことができます。

5.2.2　マンネリ化の防止

どのような活動でも長く続けているとマンネリ化します。ただ、ある設定した目的や目標を達成するためだけに始まった活動にくらべ、その活動がある理論や仮説に基づいて実施さている場合は、それらの考え方に則り実践しているという意識が共有されているとマンネリ化が起こりにくいようです。

HH活動を１件の重大事故の背景には29件の中規模のトラブルや事故と300件の微トラブルが起きているとするハインリッヒの法則に則り、ヒヤットしたとかハットしたとかの好ましくない事象を300件の微トラブルにつながる事象と位置付け、展開している組織もあります。

92

第5章　リスクセンスを鍛える（Behavior）

リスクセンス向上活動の基になっている防護壁理論もマンネリ化防止に役立ちます。

防護壁理論は、ハインリッヒの法則を言い換えた理論とみなすことができます。1件の重大事故は、ある危険を想定して設けられている防護壁の欠陥の穴を貫通する事象が同時に起きたときに、また29件の中規模のトラブルや事故は防護壁が複数枚重なって機能しなくなっている事象が起きたときに、300件の微トラブルは防護壁が1，2枚機能しない事象が起きたときに生じると言い換えることができます。HH活動はハインリッヒの法則と防護壁理論に則る活動として推進できます。

KY活動は、防護壁理論に則れば、防護壁の劣化に気が付く活動と位置付けることができます。5S活動は、防護壁が設けられたときと同じ状態で維持されているか、監視する活動と位置付けることができます。

マンネリ化しやすいHH活動やKY活動、5S活動を防護壁理論の下で高いモティベーションを持って推進してみませんか。

●各階層が身に付けること

《一般実務職》

5S活動、KY活動やHH活動の理論的背景を今一度学びます。

《中間管理職および上級管理職》：

これらの3つの活動が機能するよう環境づくりのマネジメントのポイントを学びます。

◉覚えておきたい語句《注：太字は重要語句》

KHH（仮想ヒヤリハット）、ワンポイントKYT（危険予知訓練）、マンネリ化防止、5S／6S、組織要因までの原因究明、ハインリッヒの法則［☞］、**防護壁モデル**、グループ討議、改善活動、作業標準化、見える化

リスクセンス検定　練習問題 25

【問】　ヒヤリハット（HH）事象の誘因・要因は、軽微なエラーや重大エラーの原因となる可能性があり、重要視されています。以下のようなHH活動を行っていますが、改善したほうがよいと思うものを1つ選んでください。

① HH情報の多くが、注意不足、うっかりといった類であり、都度、注意喚起、意識強化といった対策を行っている。

② HH事象の誘因・要因の原因を、不注意、うっかり、ぼんやりであったということで終わらせず、掘り下げてHHの背景要因まで抽出している。

③ HH活動により、HH発生の可能性を減らす。

④ HH提出が少なくなり、仮想HH（実体験ではなく、机上で考えたHH）もエラー低減活動には有効であり、導入している。

⑤ 働きやすく、仕事をしやすくするためにもHH活動は必要である。

正解は①です。

【解説】　ヒヤットしたとかハットすることを起こしたくて起こす人はいません。それらを起こした個人の非を咎めても根本的な再発防止対策にはなりません。何か好ましくない事象が幸運にもヒヤリハットの段階で顕在化したと喜び、再発防止策を考える姿勢を持って欲しい。

第5章　リスクセンスを鍛える（Behavior）

リスクセンス検定　練習問題 26

【問】　ワンポイントKYT（危険予知訓練）を行っています。改善した
ほうがよいと考えるものを1つ選んでください。

① 多くの危険なポイントをみんなで考えることができるよう、
30分かけて行った。
② 危険な情景を浮かび上がらせるべく、イラストを使った。
③ 危険なポイントをワンポイント決め、指差唱和を行った。
④ 危険なポイントは1カ所と限らず、発言を促している。
⑤ 全員が発言できるよう5人から10人程度の少人数で行って
いる。

正解は①です。

【解説】　実際にKY活動をしていると上記選択肢の中で改善したほう
がよいと考える項目は存在しないのでは？と判断する人がいるかもし
れません。作業前のワンポイントKYTですから、短時間に要点を絞っ
て行います。

リスクセンス検定　練習問題 27

【問】　職場の安全衛生委員会を設置し、活性化した運営をしたいと思っています。次の中で最も効果があると思う施策を1つ選んでください。

① 年間の活動計画をたてる。

② 年度の初めに年間の開催日を決める。

③ 十分な審議をするために安全衛生委員に事前に会議の資料を配布する。

④ 委員会で決めたことの実施率を高めることに重点をおいた運営を心がける。

⑤ 安全衛生委員をできるだけ多くの人が経験するような仕組みをつくる。

正解は④です。

【解説】　①、②、③、⑤はそれぞれ効果がありますが、それよりも委員会で決めたことの実施率が高いと委員の出席率も自然と高くなり、自ら積極的に審議に参加し、委員会の議論も活発になります。さらに委員以外の人の活動への積極的な参画も期待できます。⑤については、安全衛生委員は各職場の意見を集約し、職場内の安全衛生活動の推進者となるので、単に知識が豊富で多くの資格を持っているだけでは不十分で、意欲と指導力が求められます。従って、職場内で新人も含めて順番で委員を務めるなどの考え方は妥当ではありません。

第 5 章　リスクセンスを鍛える（Behavior）

【引用・参考文献】

1）リスクセンス研究会：「個人と組織のリスクセンスを鍛える」大空社（2011）

2）リスクセンス研究会：「リスクセンスで磨く異常感知力」化学工業日報社
　（2015）

5.3 B3：変更管理

　企業の組織は、内外の変化に対し迅速に対応することが必要です。現状維持は企業の停滞または退歩を意味することから、常に改善し向上する努力が必要です。業務で生じる様々な変更の取り進め方が適切でない場合、期待した通りの改善効果が得られないだけでなく、想定されていなかったエラーやトラブルなどが起きることがあります。「変更管理」は、変更に伴い波及するであろうリスクを事前に想定して対策をし、エラー、トラブルや不祥事などを防止し、計画通りの改善効果が得られるよう、変更の作業を管理することです。

　エラーやトラブルなどが起きる原因の1つとして、規則やマニュアルなどの変更された内容が、正規の手続きを踏まずに暗黙裡にルール化されたり、また検証がされずにシステムが導入された場合などが考えられます。また変更内容が組織全体に周知されていないことが原因となる場合もあります。

　「変更管理」の対象範囲は、4M管理として人の変更（能力、教育、配置換え）、機械・設備などのハードウェアの変更、原材料（不純物、購入先）や製品（純度、粒度分布、荷姿、納入先）の変更、プロセス・手順・方法などのソフトウェアの変更、生産機種の変更（段取り換え）、マネジメントの変更、契約の変更など関連する全ての事柄を含みます。

◎学習のポイント

　「B3：変更管理」のあるべき姿を次のような状態と設定し、その定着を目指します。

「「変更管理」制度が導入され、それに基づき変更管理対象範囲、手順、

第5章　リスクセンスを鍛える（Behavior）

承認、周知などの管理ルールがきちんと守られている。またその見直しも適宜行われている。」

このような組織が実現できていることを点検するポイントを次の2つと考え、リスクセンスを鍛える手法について学びます。

(1)　業務の変更に際して、変更手順、変更審査・承認の会議（組織）、審査および承認者は適切か、周知方法を定めているかなどについてルールを定めているか。

(2)　規則やマニュアルを変更する場合、変更することにより波及するリスクの評価を行い、その上で変更した内容を組織全員に周知徹底し、そしてまた変更したことを適宜見直しているか。

5.3.1　正規の手続きを踏んでマニュアルを変更することの難しさ

多くの職場では小集団活動の1つとして改善活動が行われていて効果を上げています。即効性がある、すぐ実施できる小規模の改善案件は、特に法律で管理されている事項は定められた通りなかなか実施できません。法律的に届け出をし、許可を得てから実施する案件から、軽微な変更として届ければよい案件、社内の変更管理ルールに則り承認されればすぐ実施できる案件があります。しかし正規の手続きを踏んで変更制度に基づき、手続きを進めることは、特に人手が足りない現場では難しい場合もありますが、確実な変更管理として必要です。

わが国で初めて起きた臨界事故は、原子力プラント向けの燃料を製造している企業の現場の改善活動の結果として起きました。この事業分野の最後発メーカーとして厳しい経営状態が続き、過度の省人化が行われていた職場で、生産頻度が少なく且つ納期の厳しい案件で起きました。ウラン溶液を均一化工程の容器に移送する際、配管で移送するルールであったとこ

99

ろを別な作業で使用していたバケツを使用した簡便な操作を考案し、変更制度のルールに則らないで、一緒に作業をしていたメンバーだけで了承し、このバケツによる投入作業を行っていたときに臨界事故が起きました。事故原因の調査結果から明らかになった「ウラン溶液の調合を定められた容器で実施する際、容器の洗浄が十分行われていないと品質クレームが起きやすい実態の改善策として、ウラン溶液を容器ではなくバケツで調合することを考案したこと」、「調合したウラン溶液を、抽出工程、沈殿工程、焼成工程などへ移送する際、それぞれ実施する頻度が少なったことから都度配管などを組み立てて配管移送する操作手順であったのを作業時間の短縮としてバケツを使用して移送する方法を考案したこと」など、作業効率を向上させる目的でいろいろな小改善が行われていました。全ての改善事項が正規の手続きに則り、変更事象に対するリスクアセスメントをしっかり行われておらず、その結果、安全が維持できない方法であったと指摘されています。

　経営が厳しくなると多くの場合、少ない人数の中で収益を上げることが最優先業務となり、当たり前に実施できていたことが、定められた通り実施しにくい職場環境に陥りやすくなります。その結果、変更管理の機能が維持できなくなりやすく、結果として事故や不祥事の発生につながっている例が多くなります。

　組織は変化して発展して行かねばなりません。それぞれの職場では、変更に伴い発生するであろうリスクを事前に想定して対策をとり、その記録を残し、一方で変更したこととその対策の周知徹底を図ることが求められます。

　トップの方針に則り、よいリスクセンスと双方方向のコミュニケーショ

第 5 章　リスクセンスを鍛える（Behavior）

ンの下で、変化にスムースに対応する組織運営に努めましょう。

●各階層が身に付けること

《一般実務職》

変更管理の重要性を今一度学びます。

《中間管理職および上級管理職》

変更管理業務が機能するよう環境づくりのマネジメントのポイントを学びます。

◉覚えておきたい語句《注：太字は重要語句》

リスクアセスメント［☞］、**4 M管理**［☞］、**変更事象の周知**、変更管理のPDCA、手直しの戻りルール

101

リスクセンス検定　練習問題 28

【問】　次の5つの変更管理において適切でないと思うものを1つ選ん
でください。

① 変更となった内容のリスクアセスメント（RA）が不十分で
あった場合、実務者はラインを通じて当該上司にRAをもう
一度行うよう要求する。

② 変更依頼書を受け取った場合、緊急を要する内容であること
が明白であっても担当者だけでの判断は実施しない。

③ 仕様変更、仕様追加は、必ず変更依頼書などの文書で受け付
けるか、ワークフローなど変更管理ツールで受付し、変更管
理台帳に記録を残す。

④ 変更管理を行うことになった工程の担当として、会社の人事
異動で他部門から異動してくることとなった。当該工程に明
るくない部門のライン経験者であったので、実務者は当該上
司にこの人事の撤回を求めた。

⑤ 変更内容の影響が大きいと判断されれば、決められた手順だ
けではなく、会議などを開催し、情報共有を図ることが望ま
しい。

正解は④です。

【解説】　変更管理の手法には、4M管理が有効です。個人に依存せず、
組織が変更管理の手順を確立していること、変更の製品に及ぼす影響レ
ベルによって適切な承認体系があること、それらの手順が順守されてい
ること、変更に関して実務者レベルにまでトレーニングされていること
の4点が重要な点です。この視点から適切でないのは④と考えます。

102

第5章 リスクセンスを鍛える（Behavior）

リスクセンス検定　練習問題 29

【問】　ある設備に溶剤を仕込み、その後原料を投入しています。この方法は安全上問題があるので、その順序を逆にして、先ず原料を仕込み、その後溶剤を仕込む方法に変えたい。次のうち、正しいものはどれですか？1つ選んでください。

① 仕込み順序を変えたほうが安全であることは誰が考えても明らかなので、当初のマニュアルが間違っていると判断し担当者が変更した。

② 最初のマニュアルが工場長の承認を得ているものであるから、より安全サイドへの変更といえども申請し工場長の承認を得なければならない。

③ 仕込み順序を変えたほうが安全であることは誰が考えても明らかなので、製造課長の了解をもらい変更した。マニュアルには手書きで変更する旨を記述し、運用をしている。マニュアル承認者である工場長への変更申請は大きな改訂をする場合に併せて行うことにした。

④ もともとこの操作に関するマニュアルは制定されておらず、現場リーダーの指示で行っているものであった。従って変更しても構わないと判断した。

⑤ もともとこの操作に関するマニュアルは制定されておらず、現場リーダーの指示で行っているものであった。運転員からの改善提案だったことおよび明らかに順序を変えたほうが安全であると思われたので、現場リーダーの判断で変更を実施した。

103

正解は②です。

【解説】 一見安全性がより高まると見えることでも、安易に変更してはいけないということを実務者のレベルでも理解することが肝要です。

第 5 章　リスクセンスを鍛える（Behavior）

リスクセンス検定　練習問題 30

【問】　事故やトラブルなどを防ぐためには、製造プラントや機械設備の運転に関する規則やマニュアルを制定し、その改訂にあたっては責任者の承認を得るという「変更管理」の運用が大切となります。次の事項のうち、「変更管理」に該当しないものはどれですか？1つ選んでください。

① 　新入社員の教育訓練の後、現場運転員とし定員化する。

② 　コスト削減のため、プラント運転の計装自動化を行い運転人員の削減をする。

③ 　プラントの生産能力を増強する。

④ 　腐食が激しく寿命の短い設備がある。試験的に材質変更を実施する。

⑤ 　従来日勤ベースで運転していたプラントで、必要生産量が75％程度に下がった。運転員人数や稼動状態の変更はなしに生産を継続した。

正解は⑤です。

【解説】　①は人の変更、②は設備の変更、③は生産方法を変更したうえでの生産量の変更、④は材質の変更です。⑤は生産量の変更ですが、生産方法、生産する人などの変更がありません。

105

【引用・参考文献】

1）リスクセンス研究会：「個人と組織のリスクセンスを鍛える」大空社（2011）

2）リスクセンス研究会：「リスクセンスで磨く異常感知力」化学工業日報社（2015）

第5章　リスクセンスを鍛える（Behavior）

5.4　B4：コミュニケーション

　企業は社長を頂点とした部門、課、係などにわたる縦の組織形態と各部門間、課、課間などの横の組織形態から、縦と横のつながりを持った糸を編み込むような組織になっています。組織の中では、上司、同僚、部下の上下の関係が存在します。上下間、横との組織としての仕事上および人間間での日頃のコミュニケーションの良し悪しが、組織力に大きな影響を与えます。

　組織内のコミュニケーションは、企業の組織間における情報の伝達であり、人間でいえば、神経とか、動脈の役割を果たしている極めて重要なものです。組織内のコミュニケーションが滞ったり、閉塞すると組織間の意思疎通が十分図れなくなり、組織の健全な運営ができなくなります。コミュニケーションがよくなかったことが原因でトラブルや事故に発展した事例は大変多く見受けられます。

　一方で、今日の日本の組織は、少子高齢化が急速に進む中、様々な多様化した価値観を持ったグローバルな人材の登用が進んでおり、従来にもまして良好なコミュニケーションを図ることが求められています。

　コミュニケーションをよくするための手法が多くあります。"相手に一声念押し"を奨励する確認会話法［☞］や"報・連・相をする人や受け手が反応"することを奨励する「報・連・相＋反（報・連・相に反応すること）」法などが注目されています。

　確認会話法［☞］は、トラブルや事故が続いた企業が、再出発する際の社内のコミュニケーションを改善する手法として採用し注目されています。この確認会話の目的は、「言い間違い、聞き違い、誤解、思い込みをなくすため」であり、自分と相手の言動を互いに会話で確認し、正確を期するコミュニケーションの手法です。

107

◎学習のポイント

「B4：コミュニケーション」のあるべき姿を次のような状態と設定し、その定着を目指します。

> 「組織のトップが積極的に組織のメンバー（協力会社を含む）との対話に努め、組織内の「報・連・相＋反（報・連・相に反応すること）」が習慣付けられていて、組織のメンバーがプレッシャー（生産優先、財政優先、スケジュール優先など）の状況下でも、上位者に意見具申できる組織風土ができている。これらを反映し、各種の活動は全員参加で行われ組織のメンバーの向上心は高い。」

このような組織が実現できていることを点検するポイントを次の4つと考え、リスクセンスを鍛える手法について学びます。

⑴ 組織のトップが積極的に組織のメンバー（協力会社を含む）との対話に努めているか。

⑵ 組織のメンバー間で「報・連・相＋反（報・連・相に反応すること）」が習慣付けられているか。

⑶ 各種の活動は全員参加で行われ、組織のメンバーの向上心（モチベーション）が高く維持されているか。

⑷ 日頃から風通しのよい話しやすい職場となるように、コミュニケーションがはかられているか。

5.4.1　よいコミュニケーションの維持「報・連・相＋反」

管理職が現場をまわり、第一線の人の言葉に耳を傾けていれば、トラブルや事故などを未然に防ぐことができると考え、双方向のコミュニケーションをよくする手法として「報・連・相＋反」運動を実施している例が

第5章　リスクセンスを鍛える（Behavior）

あります。前項の確認を単なる確認だけで終わらせることなく、報告や連絡や相談を受けた内容に関し、理解し、反応することによって確認の徹底を行う習慣を定着させる活動です。

報・連・相の習慣が定着している組織であれば、日常の会話、報告書、指示書に対して報・連・相の内容を繰り返す「反復」、受けた内容に疑問や意見があれば「反論」、「反駁」など反応することを習慣付けることはそれほど難しくないようです。

5.4.2　話しやすい職場づくり

話しやすい職場を目指すには、どのような職場であるか、具体的に何をしたらよいか、明確に示すことは難しいですが、イメージの1つを例示します。

職場には上下間や横との間に組織としての関係が存在します。この縦と横の関係を強く意識しないで、わからないことや知らないことを質問できる、困ったことは相談できる、上司には意見具申ができる、などが自然にできる職場は話しやすい職場といえます。このためには、前項の「確認会話」法や「報・連・相＋反」運動を通じ、よいコミュニケーションの組織風土をつくる組織運営が必要です。

●各階層が身に付けること

《一般実務職》

よいコミュニケーションの維持の重要性を今一度学びます。

《中間管理職および上級管理職》

よいコミュニケーションが維持できる環境づくりのマネジメントのポイントを学びます。

109

●**覚えておきたい語句**《注：太字は重要語句》

報・連・相＋反、**確認会話法**［☞］、**風通しのよい職場**、**挨拶**、集団心理、
正常化の偏見、権威勾配、メール文化、緊急時のコミュニケーション

第5章　リスクセンスを鍛える（Behavior）

リスクセンス検定　練習問題 31

【問】　課長の私は部下と2人で机に向かって執務中に隣の部屋から黒
煙が出ている異常に気が付きました。別棟で会議中の部長に報告
しなければなりません。黒煙を発見したときの中間管理職の私の
とった行動の中で最も好ましいと思う行動を1つ選んでください。

① 報告内容を5W1Hにまとめるべく部下と一緒に黒煙の出て
いる隣の部屋へ入った。

② 報告の内容は1W（What）だけでよいと判断し、黒煙が出
ていることを直ちに部長に電話し、その後、黒煙の出ている
部屋へ向かった。

③ 黒煙がすぐ消えるかもしれないので様子を見ていた。

④ 黒煙の出ている隣の部屋へ部下を調査に行かせた。

⑤ 消火が第一と判断し、部屋にあった消火器を持って部下と一
緒に黒煙が出ている隣の部屋に向かった。

正解は②です。

【解説】　⑤を選んだ人も多いと思います。まず初期の対応を行ってか
ら、上司の部長に報告するのと、上司に報告するのとどちらを選んで
欲しいかというと②を選んで欲しい。多くの組織の長は、悪い情報を
早く上へあげるようにと呼びかけています。組織の長は、好ましくな
い異常事象について外部から問い合わせを受けたり連絡を受けたりす
る前に、状況を把握し、対処することが必要です。

黒煙の発生という事象は火災の可能性があり、初期消火が大事な対応
策であると教育を受けている人が多いと推察しますが、②のまず報告
を優先し、次いで消火活動を行うというセンスを身に付けてください。

111

リスクセンス検定　練習問題 32

【問】　普通に考えると常識的に判断し行動できる個人が、集団の中に入ると1人のときとは異なった行動をする場合があります。このような集団の心理特性がエラーや事故・不祥事の原因となったとみなされるケースも報告されています。その中の1つにエラーや事故・不祥事の原因となる「権威勾配」があります。次の5つの記述の中で、それに該当しないと思うものを、1つ選んでください。

①　作業している現場に強い上下関係がありすぎると下の者は上司の誤りを正せないことがあり、それが事故につながることがある。

②　航空機の事故では、副操縦士が機長の誤りに気付いていながら言い出せなかったことから起きた事例が報告されている。

③　上司に逆らえない職場の雰囲気は権威勾配の状態にあるという。

④　組織図の職位の高い者ほど、責任のレベルが高くなっていることをいう。

⑤　若手が担当している業務に不安があるとき、ベテランに聞けばいいものを怒られることが嫌でベテランに聞かないで業務を遂行し失敗する職場の雰囲気。

正解は④です。

【解説】　権威勾配が強くないと感じる組織では日頃のコミュニケーションがよいです。

第 5 章　リスクセンスを鍛える（Behavior）

リスクセンス検定　練習問題 33

【問】　グループやチームなど組織の中で全員で取り組む課題を解決する場合、打ち合わせを行うことが多々あります。この場合、次の５つの中で打ち合わせを進行させる立場の人が最も行ってはいけないと思う事柄はどれですか、１つ選んでください。

① 人が言ったことを批判しない。

② なんでも自由に話せる。

③ 発言者の言ったことに付け加えた意見を出す。

④ たくさん意見を出す。

⑤ 全員発言。

正解は③です。

【解説】　これら５つの事柄は、進行係として全て気を付けなければならないことです。この中で避けたいのは、人が言ったことに一言、付け加えた発言が多くなることです。多くの意見があったほうがよいから、付け加えた意見を出すほうがよいと考える人も多いと思います。しかし、一言付け加えられた内容によっては、前言者の発言が少なくなる場合もあります。

113

【引用・参考文献】

1）リスクセンス研究会：「個人と組織のリスクセンスを鍛える」大空社（2011）

2）リスクセンス研究会：「リスクセンスで磨く異常感知力」化学工業日報社
　（2015）

3）安全研究会：「命を支える現場力」海文堂出版（2011）

第6章　リスクセンス検定®の受検ガイド

6.1　リスクセンス検定®の概要

リスクセンス検定®には個人のリスクセンスレベルの診断と組織の診断があります（**図6-1**参照）。

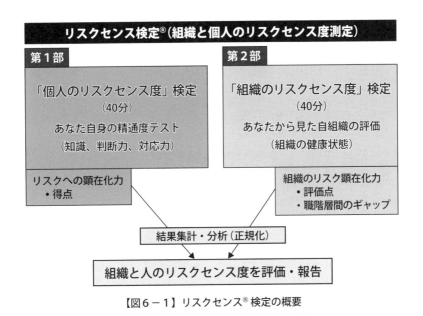

【図6-1】リスクセンス®検定の概要

組織の診断は、それぞれの防護壁の劣化診断の評価レベルとしては6段階とし、6段階目が理想的な組織運営の状態、1段階目があってはならない状態と設定し診断します。また11の防護壁が、全て4段階目以上の状態で組織が運営されていれば、同時に11の防護壁の穴が貫通する大きな事故や不祥事はほとんど起きない、仮に起きても大きな事故や不祥事が起きる予兆の段階で気が付き、対応できると診断し、望ましい組織運営のレベルと設定しています。

　現在、提案している11の防護壁とその診断基準の有効性については、2008年以降に公開された事故や不祥事の調査報告書について検証を続けていますが、11の防護壁からなる診断項目が、全て6段階評価中4段階以上のレベルで組織が運営されていれば、事故や不祥事は未然に防ぐことができた、または減災できた可能性が高いという検証結果を得ています。B4：コミュニケーションの診断内容の概要を**表6－1**に紹介します。

【表6－1】組織診断のリスクセンス度診断シート（6段階診断）

> **B4：コミュニケーション**
> **目標とする状態（6点）**
> 　組織のトップが積極的に組織のメンバー（協力会社を含む）との対話に努め、組織内の「報・連・相＋反（報・連・相に反応すること）」が習慣づけられていて、組織のメンバーがプレッシャー（生産優先、財政優先、スケジュール優先など）の状況下でも、上位者に意見具申できる組織風土ができている。また各種の活動も全員参加で行われ組織のメンバーの向上心は高い。
>
> **5点** ⇒ もう少し反（報・連・相に反応すること）があるとよい
> **4点** ⇒ 反がない状態
> **3点** ⇒ 報・連・相が習慣づけられていない
> **2点** ⇒ コミュニケーションが不十分
> **1点** ⇒ コミュニケーションの機会がない

　個人の診断は、リスクセンスレベルを100が理想の状態として60以上であること、且つL、C、Bの各機能項目で60以上であることを望ましいレベルとして、診断します。

116

第6章　リスクセンス検定® 受検ガイド

　このレベルは、自分の体調について朝起きて頭が痛い場合、その原因が二日酔いか、風邪か、疲れか、その事象に通じていれば大凡の適切な判断と対応ができることと同じレベルとして設定しています。組織がいつもと異なる何か変だな？と気が付いて、事象の原因を適切に見つけることができるレベルであるとしています。

6.2 受検のガイダンス

6.2.1で、Webリスクセンス検定®の受検する場合の手続きなどを 個人受検 次いで、組織（団体）受検・Web検定 について概略フローにて紹介します。

なお、組織（団体）受検の場合は、Web検定が難しい場合に配慮し、紙ベースによる検定も可能ですので、事務局へ相談ください。

組織（団体）受検・紙ベース検定 についても、概略フローで紹介します。

6.2.2で、受検マニュアルとして、個々の検定画面に沿って個人受検、次いで組織（団体）受検［Web検定、紙ベース検定］の受検要領を説明します。

6.2.1 Webリスクセンス検定®の受検概略フロー

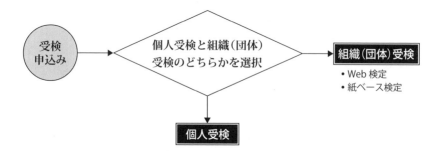

リスクセンス検定ホームページ　http://risksense-kentei.net/ にアクセス
（リスクセンス研究会ホームページ　http://risk-sense.net/ からも申込み可能）
不明の点は、事務局へお問い合わせください。
リスクセンス検定事務局メール　info@risksense-kentei.net

第6章　リスクセンス検定® 受検ガイド

個人受検の場合

| 個人受検申込みページへ | を選択し、手続きを行う

※推奨ブラウザ：
・Mozilla Firefox 42
・Google Chrome 46
・Internet Explorer 10, 11

個人の連絡先などを入力
　氏名、電話番号、メールアドレス、住所 など
・**受検コースの選択**（コースにより設問が異なる）分野、立場※、組織規模
・受検料（Web検定3,000円・税抜／一人1回受検）の支払方法（金融機関口座振込）

※立場（3職階層）
　・一般実務職：第一線の現場で実務を担当している方
　・中間管理職：部下を持ち一つの業務範囲内で管理職として実務を遂行している方
　　（主任、係長、課長、グループリーダーなど）
　・上級管理職：複数の異なった範囲の業務部門を担当している管理職の方
　　（部長、工場長、支店長、部門長など）

事務局から振込方法の連絡を受け、受検料を支払う

支　払　完　了

ID（アカウント）とパスワードを受信　**事務局からメール**

「リスクセンス検定」のホームページにアクセスし、
《「リスクセンス検定」を受検》をクリック。
ID（アカウント）、パスワード入力しログインする

コース確認、個人情報確認・入力

受検開始（受検の流れ説明）

第1部「個人のリスクセンス度」の検定

設問1〜

119

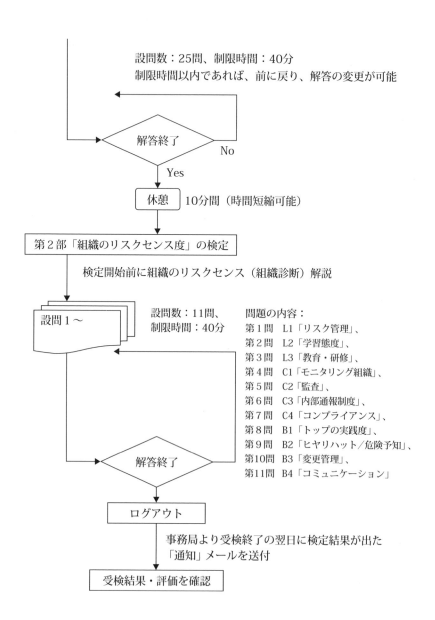

第6章　リスクセンス検定® 受検ガイド

組織（団体）受検・Web検定の場合

Web検定が難しい場合は、紙ベースによる検定も可能です。事務局へご相談ください。

※推奨ブラウザ：
・Mozilla Firefox 42
・Google Chrome 46
・Internet Explorer 10, 11

組織（団体）受検申込みページへ　を選択し、手続きを行う

↓

・組織（団体）情報の記入
　　組織名称、受検担当者名（受検する組織の事務局の方）、電話番号、メールアドレス
・受検者数（受検者の人数、3職階層※毎の予定人数）
　※立場（3職階層）
　　・一般実務職：第一線の現場で実務を担当している方
　　・中間管理職：部下を持ち一つの業務範囲内で管理職として実務を遂行している方
　　　（主任、係長、課長、グループリーダーなど）
　　・上級管理職：複数の異なった範囲の業務部門を担当している管理職の方
　　　（部長、工場長、支店長、部門長など）
・メッセージ欄（質問、要望、受検時期、連絡先、事前打合せの要否など）

↓

事務局から受付完了および振込方法の連絡を受け、受検料を支払う

・受検料は、Web検定：3,000円（税抜）／一人1回受検
　多数の方が受検の場合は、事務局へご相談ください。
　また、個人成績など情報の開示範囲など、疑問点は事前に事務局と打合せ、取り決めを行って下さい。これらについて覚書を交わします。
　覚書のひな型は事務局より送付します。

↓

支払完了

↓

受検者毎のID（アカウント）と初期パスワードを受信　　事務局からメール

受検担当者は、送付された「ID（アカウント）と初期パスワード」を個々の受検者に知らせ、受検するように連絡してください。

↓

「リスクセンス検定」のホームページにアクセスし、
《「リスクセンス検定」を受検》をクリック。
ID（アカウント）、初期パスワード入力しログインする

↓

121

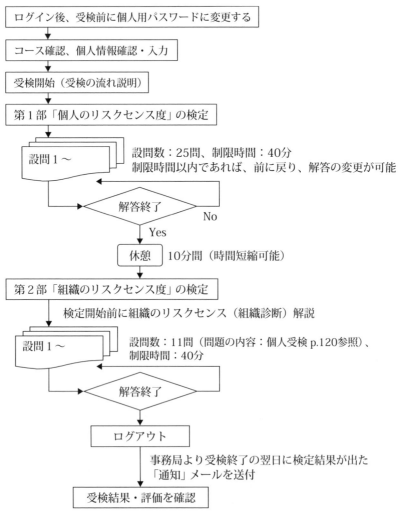

※個人毎の検定結果は、受検時のID（アカウント）と個人用に変更したパスワードで指定サイトにログインし、自分の受検結果・評価を確認できます（閲覧可能期間は受検終了後1週間です）。ひな形は**別紙1**を参照ください。
　また、組織としての報告書『「リスクセンス検定」受検結果　報告書』を受検後1カ月を目処に報告または提出します。ひな形は**別紙2**を参照ください。報告書の内容については、後述します。報告書では、個人のリスクセンス度の成績および組織の診断の評価結果は、受検者個人の氏名では表示されません（誰の成績なのかは本人以外わからないように配慮されています）。

第6章　リスクセンス検定® 受検ガイド

組織（団体）受検・紙ベース検定の場合

組織（団体）検定で、Web検定が難しい場合は、紙ベースによる検定が可能です。
また、Webと紙ベースの併用も可能です。

組織（団体）受検申込みページ　を選択し、手続きを行う

・組織（団体）情報の入力
　　組織名称、受検担当者名（受検する組織の事務局の方）、電話番号、メールアドレス
・受検者数（受検者の人数、3職階層※毎の予定人数）
　（※一般実務職、中間管理職、上級管理職；詳細はp.121参照）
・メッセージ欄［紙ベース受検者数（3職階層）を記載。質問、要望、受検時期、連
　絡先、事前打合せの要否などを記載し、事務局と連絡をとり、必要事項を確定し
　てください。］

受付完了を連絡（請求書、口座振込先）

・受検料は、紙ベース検定：4,000円（税抜）／一人1回受検
　多数の方が受検の場合は、事務局へご相談ください。
・個人成績など情報の開示範囲など、疑問点は、事前に事務局と打合せ、
　取り決めを行い、覚書を交わします。覚書のひな型は事務局より送付
　します。
・受検者のID（アカウント）については、貴組織の要望（例えば所属部
　門、役職を加味した番号）に基づき決定します。Excelで一覧を作成す
　るのが望ましい。
・3職階層毎の検定問題（リスクセンス研究会作成）を個人毎の封筒に
　入れ、まとめて受検担当者へ送付します。
・受検内容について受検組織向けの用語のカスタマイズ化のご相談に応
　じます。

支払完了

受検者毎のID（アカウント）と検定問題を受け取る

・受検担当者は、検定日程に基づき、受検者を（貴社）受検会場に召集し
　てください。
・受検は数回に分けて行うことも可能です。

123

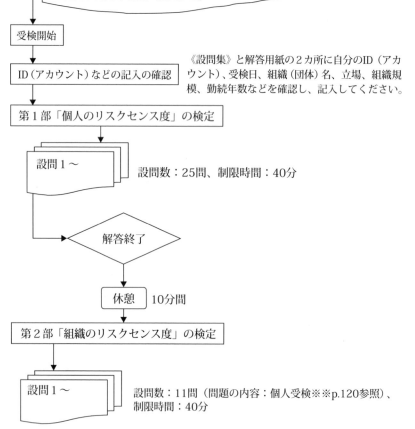

第6章　リスクセンス検定® 受検ガイド

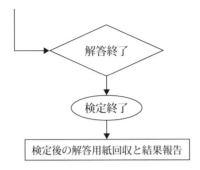

受検担当者の対応

- 受検終了後、日時、会場毎に、その都度結果（封筒）を収集し、まとめて宅配便にて、リスクセンス研究会事務局へ送付する。
- 検定後、約1カ月後にリスクセンス研究会より送られた個人毎の検定結果（封筒）をまとめて受け取り、個人へ配布する。
  なお、成績優秀者への認定書の発行を行うかどうかについては、受検担当者が受検する組織の責任者と相談し決定する。

リスクセンス研究会およびリスクセンス検定事務局の対応

- リスクセンス研究会は、個人毎の検定結果を一覧にし、個人毎のリスクセンス度の検定結果の報告書、組織の診断結果を組織（団体）としての報告書に反映する。
- 個人毎の報告書は、受検後1カ月を目処に作成、封書にし（他の人には見えない）、その封筒をまとめて受検する組織の事務局へ送付する。（ひな形は**別紙1**を参照）
- 成績優秀者には、リスクセンス研究会の認定制度に基づき、個人報告の中で、認定を明示する。
- 組織（団体）としての報告書『「リスクセンス検定」受検結果　報告書』を受検後1カ月を目処に報告または提出する。（ひな形は**別紙2**を参照）
  （報告書と共に、検定結果の説明会を実施する。会場日時については、別途相談する。）

6.2.2 受検マニュアル

Webリスクセンス検定®の受検要領(手続き)について、画面毎に詳細に紹介します。

1)受検の申込み

Webで「Webリスクセンス検定®」ホームページへアクセスし、登録(申込み)をしてください。

> リスクセンス検定ホームページ　　http://risksense-kentei.net/

アクセスをして、右上の「**Webリスクセンス検定**」**受検**をクリック、個人受検と組織(団体)受検のどちらかを選択してください。

はじめに**個人受検**、引き続いて**組織(団体)受検**を案内します。

なお、不明の点は、事務局へお問い合わせください。

> リスクセンス検定事務局メール　　info@risksense-kentei.net

また、「特定非営利活動法人 リスクセンス研究会」ホームページからも受検申込みが可能です。

> リスクセンス研究会ホームページ　　http://risk-sense.net/
> 研究会事務局メール　　info@risk-sense.net

[注]リスクセンス研究会の活動については、ホームページを参照願います。

※Webリスクセンス検定® 推奨ブラウザ：
　・Mozilla Firefox 42　　・Google Chrome 46
　・Internet Explorer 10, 11

第6章　リスクセンス検定® 受検ガイド

［画面1］

2）「個人受検を選択した場合」

個人受検申込みページへ を選択する。

2-1　受検の申込み（連絡先など必要情報を入力してください）

［画面2］＜個人の連絡先など＞

127

▶**個人の連絡先などの入力**

氏名、電話番号、メールアドレス、住所

▶**受検コースの選択**（コースにより設問が異なる）

分野、立場※、組織規模

▶**支払方法**

口座振込 で行ってください。

※**立場**（3職階層）

• 一般実務職：第一線の現場で実務を担当している方

• 中間管理職：部下を持ち、1つの業務範囲内で管理職として実務を遂行
している方（主任、係長、課長、グループリーダーなど）

• 上級管理職：複数の異なった範囲の業務部門を担当している管理職の方
（部長、工場長、支店長、部門長など）

2－2　受検の申込みの受付連絡

画面で申込み・送信ボタンをクリックすると、受付完了の連絡画面が表示されます。後日、事務局から口座振込先の連絡があるので、それに従い受検料を振り込んでください。

これらの手続き・支払が完了すると事務局から、**ID（アカウント）**とパスワードがメールで送信されます。

事務局からの連絡をお待ちください。

［**注**］個人情報の取り扱い

記載された個人情報は、検定の解析にのみ使用し、他への使用、活用は行いません。

検定結果は、年齢、勤続年数、会社規模について、平均値算出にのみ使用します。

128

第6章　リスクセンス検定® 受検ガイド

2－3　検定開始

　登録（受検申込み）が済んでID（アカウント）を取得された方は、［画面1］より 《「リスクセンス検定」を受検》 ボタンをクリックし、次の画面に進んでください。

- ID（アカウント）を取得してから、1週間以内に受検を完了してください。1週間を過ぎるとID（アカウント）は無効となります。
- ID（アカウント）は受検1回限り有効です。再度受検する場合は、新規申込みを行い、別途取得が必要です。

［**画面3**］＜ログイン－ID（アカウント）、パスワードの入力＞

▶ID（アカウント）およびパスワードを入力し、 ログイン ボタンをクリックしてください。

129

［画面4］＜検定の受検開始の画面＞

▶「受検コース確認ページへ」をクリックしてください。

［画面5］＜コース確認＞

▶コースを確認し、「勤続年数」にチェックを入れ、 次へ のボタンをクリックしてください。

［画面6］＜入力内容の確認＞

▶空欄があれば、入力してください。 「受検開始」ページへ のボタンをクリックしてください。

130

第6章　リスクセンス検定® 受検ガイド

[**画面7**]＜**個人情報の再確認**＞（訂正が可能です）

[**画面8**]＜**検定の受検開始**＞受検の流れ説明

▶制限時間：第1部「個人のリスクセンス度」40分、

　　　　　　休憩（10分；時間短縮可能）

　　　　　第2部「組織のリスクセンス度」40分

▶ [第1問を開始します] のボタンをクリックし、開始となります。

　なお、制限時間以内であれば、前に戻り、解答の変更ができます。

131

[画面9] ＜第1問＞

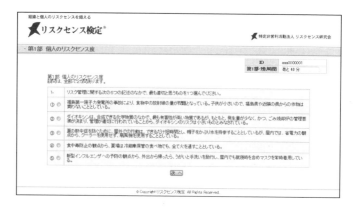

▶設問は25問あります。右上に残り時間が表示されます。
　①～⑤のいずれか1つを押してください。

[画面10] ＜第2問＞　以下第3問と続きます。

第6章　リスセンス検定® 受検ガイド

［画面11］＜例示　第5問＞

▶設問内容は、知識力5題、リスクへの対応力17題、文章題3題（第23問、第24問、第25問）
▶内容は「LCB式組織の健康診断®」法の11項目全般に関するものです。各画面に 戻る があり、戻って確認・修正ができます。

［画面12］＜解答確認画面＞　第25問が終了時に出てくる画面です

▶未解答の設問番号が表示されます。
▶未解答問題に 解答する のボタンをクリックし、解答してください。また 戻る をクリックすると、既に解答した問題に戻ることができます（制限時間内）。

133

[画面13] ＜第1部解答確認＞

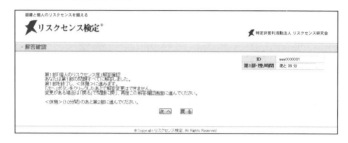

▶ 次へ をクリックすると、第1部が終了となります。これで第1部に戻ることはできません。
▶ 10分間休憩し、第2部へ進んでください。

[画面14] ＜休憩画面＞

▶また、休憩時間内に第2部に進みたい場合は 第2部を開始します のボタンをクリックすると、時間短縮して始めることができます。

第6章　リスクセンス検定® 受検ガイド

[画面15]＜第2部　組織のリスクセンス度　開始画面＞

▶第2部の解説を、次の画面で行います。この画面を読んだ後、第2部の設問に入ります。

▶説明文をよく読んでください。第2部の設問数は11問のみであり、制限時間は40分あるので、解答時間には余裕があります。

▶ 次へ をクリックしてください。

［画面16］＜第２部　組織のリスクセンス度の解説＞

第6章　リスクセンス検定® 受検ガイド

[**画面17**]　＜**第2部　L（Learning）**＞　組織の学習態度の解説

▶第1問　L1「リスク管理」、第2問　L2「学習態度」、第3問　L3「教育・研修」の3問で構成されます。

▶ 次へ をクリックしてください。

[**画面18**]　＜**C（Capacity）**＞　組織の管理能力・包容力に関する設問

▶第4問　C1「モニタリング組織」、第5問　C2「監査」、第6問　C3「内部通報制度」、第7問　C4「コンプライアンス」の4問で構成されます。

137

［**画面19**］＜B（Behavior）＞組織の実践度に関する設問に入ります

▶第8問　B1「トップの実践度」、第9問　B2「ヒヤリハット・危険予知」、第10問　B3「変更管理」、第11問　B4「コミュニケーション」の4問で構成されます。

［**画面20**］＜第2部解答確認、終了画面＞

▶以前の解答を再確認、訂正したいときは 戻る をクリックしてください。

▶終了の場合は、 次へ で終了となります。

第6章　リスクセンス検定® 受検ガイド

[**画面21**]　＜リスクセンス検定（個人受検）終了画面＞

▶ ログアウト をクリックして終了です。

2－4　受検結果・評価

（結果の連絡）

受検終了の翌日、受検結果が出た「通知」メールが届きます。
受検時のID（アカウント）で指定サイトにログインし、自分の受検結果・評価を確認してください（閲覧可能期間は受検終了後1週間です）。
ひな形は**別紙1**を参照ください。

（受検結果の評価）

・結果の評価および認定について

第1部：「個人のリスクセンス度」で判定されます。

1問正解につき4点、満点は100点です（全25問）。

「認定」：次の2つを満たした場合「認定」されます。

① 得点合計が76点以上

② 25問中には、基本問題となる11問が含まれており、9問36点以上

139

正解

　全ての受検者に対して、総合評価、LCB3分野のリスクセンス度が示され、全国平均との差異を含め、レーダーチャートで示されます。
　あなたが11項目の中で、何が不足しているかが示され、今後学ぶべき点を確認することができます。

・認定証
　認定者には受検コース（立場）により、特定非営利活動法人リスクセンス研究会から次の認定証が授与されます。
①　上級管理職「リスクセンス検定・第1種認定」
②　中間管理職「リスクセンス検定・第2種認定」
③　一般実務職「リスクセンス検定・第3種認定」
希望する方には「認定証」をお送りします（別途料金＋郵送料）。

（組織診断結果）
　あなたの組織診断結果を表示し、全国平均と対比して、レーダーチャートで示されます。
　また、診断結果に対して、あなたが対応すべき事項をコメントとして記載します。
（個人報告書のひな形は、6.3　受検結果の報告　**別紙1**を参照）

第6章　リスクセンス検定® 受検ガイド

3）「組織（団体）受検を申し込む場合」（Web受検）

ホームページにアクセスし

| 組織（団体）受検申込ホームページへ | を選択し、申込み画面が表示されます。

3−1　受検の申込み

▶組織（団体）情報の入力

組織名称、受検担当者名（受検する組織の事務局の方）、電話番号、

141

メールアドレス

▶受検コースの選択

受検者の人数、３職階層（一般実務職、中間管理職、上級管理職）
予定人数を入力。メッセージ欄には、質問や要望などあれば記載し
てください。

Web受検が難しい場合は、紙ベースでの受検も可能ですので事務
局にご相談ください。

また、必要に応じ、受検時期などの事前打合せを持ちます。郵送先
も記載してください。

▶ 送信 をクリックすると、受付完了の連絡画面が表示されます。

３－２　受検の申込みの受付完了連絡

▶受検者人数の変更や疑問点があればメールで事務局へ連絡くださ
い。後日、請求書、口座振込先を連絡します。

▶受検料は、Web検定3,000円／１人１回受検
多数の方が受検の場合は、事務局へご相談ください。
また、個人成績、情報の開示範囲など、疑問点は、事前に事務局と
打合せ、取り決めを行ってください。

▶この手続き・支払が完了すると、「受検者毎のID（アカウント）と
初期パスワード」が送られてきます。

３－３　検定開始準備

受検担当者は、送付された「ID（アカウント）と初期パスワード」を個々
の受検者に知らせ、リスクセンス検定ホームページ　http://risksense-
kentei.net/にアクセスし、受検するように連絡してください。

第6章 リスクセンス検定® 受検ガイド

3－4 受検開始

受検開始以降は、|個人受検| でのステップと同じ対応になります。

組織（団体）受検で、ID（アカウント）と初期パスワードを受けとった方は、［画面1］（p.127参照）より《「リスクセンス検定」を受検》ボタンをクリックし、次の画面に進んでください。

［画面3－2］パスワードの変更

▶個人用パスワードに変更する。受検結果・評価を確認するときに必要となるため、メモなどして保管してください。

［画面3－3］パスワードの変更、終了

以下、個人受検の［画面5］〜［画面20］と同じ工程で進みます。

143

[画面22]　＜リスクセンス検定［組織（団体）受検］の終了画面＞

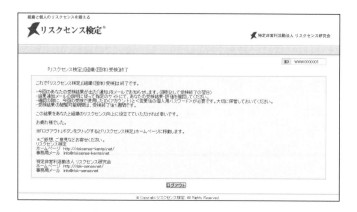

▶ ログアウト をクリックして終了です。

3－5　受検結果・評価

（結果の連絡）

　受検終了の翌日、受検結果が出た「通知」メールが届きます。

　個人毎の検定結果は、受検時のID（アカウント）と個人用に変更したパスワードで指定サイトにログインし、自分の受検結果・評価を確認してください（閲覧可能期間は受検終了後1週間です）。ひな形は**別紙1**を参照ください。

　組織（団体）としての報告書『「リスクセンス検定」受検結果　報告書』を受検後1カ月を目処に報告または提出します（ひな形は**別紙2**参照）。報告書の内容については、後述します。

　報告書では、個人のリスクセンス度の成績および組織の診断の評価結果は、受検者個人の氏名では表示されません（誰の成績かは本人以外わからないように配慮されています）。

　（**受検結果の評価**）、（**組織診断結果**）は、p.139～140を参照してください。

第6章　リスクセンス検定® 受検ガイド

4）「組織（団体）受検を申し込む場合」（紙ベース受検）

ホームページにアクセスし

　　| 組織（団体）受検申込ホームページへ |　を選択し、申込み画面が表示
されます。

4－1　受検の申込み

▶組織（団体）情報の入力

　　組織名称、受検担当者名（受検する組織の事務局の方）、電話番号、
　　メールアドレス

145

▶受検コースの選択

受検者の人数、3職階層（一般実務職、中間管理職、上級管理職）予定人数を入力。メッセージ欄には、質問や要望などあれば記載してください。

また、必要に応じ、受検時期などの事前打合せを事務局と持ちます。郵送先も記載してください。

▶ 送信 をクリックすると、受付完了の連絡画面が表示されます。

4－2　受検の申込みの受付完了連絡

▶受検者人数の変更や疑問点があればメールで事務局へ連絡ください。後日、請求書、口座振込先を連絡します。

▶受検料は、紙ベース検定4,000円／1人1回受検
多数の方が受検の場合は、事務局へご相談ください。
また、個人成績など情報の開示範囲など、疑問点は事前に事務局と打合せ、取り決めを行ってください。

▶この手続き・支払が完了すると、「受検者毎のID（アカウント）と検定問題」が送られてきます。

4－3　検定開始準備、事前説明

受検担当者は、検定日程に基づき、受検者を受検会場に招集してください。受検は分けて行うことも可能です。検定の前に本検定の趣旨、匿名性の重視などを説明し、組織診断の客観性を確保してください。受検者個人毎の検定問題（解答用紙付き）の封筒を机上に準備してください。

第6章　リスクセンス検定® 受検ガイド

4－4　受検開始

▶《設問集》、解答用紙の2カ所に自分のID（アカウント）、受検日、団体（組織）名、立場、組織規模、勤続年数などを確認し、記載してください。
▶ボールペン（黒）を使用し、解答用紙の解答欄に選択肢番号を記入してください。
▶制限時間：第1部「個人のリスクセンス度」40分、休憩（10分）
　　　　　　第2部「組織のリスクセンス度」40分
▶受検終了後、問題と解答用紙を回収し、持ち出し厳禁とします。
　受検者は個人毎の封筒に問題と解答用紙を入れ封印し、受検担当者が回収し事務局へ提出する。

4－5　受検結果・評価

（結果の連絡）

　受検終了の約1カ月後を目途に翌日、受検結果が出た「通知」メールが届きます。検定後、約1カ月後にリスクセンス研究会より送られた個人毎の検定結果（封筒）をまとめて受け取り、個人へ配布する。なお、成績優秀者への認定書の発行については、受検する組織の事務局が判断してください。

147

組織（団体）としての報告書『「リスクセンス検定」受検結果　報告書』を受検後1カ月を目処に報告または提出します。（ひな形は**別紙**2参照）

　報告書では、個人のリスクセンス度の成績および組織の診断の評価結果は、受検者個人の氏名では表示されません（誰の成績かは本人以外わからないように配慮されています）。

　（受検結果の評価）、**（組織診断結果）**は、p.139〜140を参照してください。

第6章　リスクセンス検定® 受検ガイド

６.３　受検結果の報告（報告書の内容）

　個人向け報告書および組織（団体）としての報告書「リスクセンス検定」について説明します。

　組織（団体）としての報告書『「リスクセンス検定」受検結果　報告書』を受検後１カ月を目処に報告または提出します。（ひな形は**別紙２**参照）

　また、報告書と共に、検定結果の説明会を受検された組織と実施します。

６.３.１　組織（団体）への報告書の内容

①個人成績

- 個人のリスクセンス度テストの成績および組織診断結果は、受検者個人の氏名では表示されません（誰の成績かは本人以外わからないように配慮されています）。

- ３職階層別に、個人成績の分布、平均点、バラツキ、それを表示するレーダーチャート
　併せて、LCB分野別の得点、全国平均との対比

- 認定者の数（全国平均との対比）

- 勤続年数別の個人成績、LCB分野別の得点、それぞれの平均点

- 組織内部門毎の個人成績の分布、LCB分野別の得点、それぞれの平均点

- ３職階層別、勤続年数別、および部門毎の成績、バラツキに関する解析結果
　解析結果を基に、組織としての課題と対策案を示した提案書

②組織診断

- ３職階層別に、11項目の組織診断結果、バラツキ、それを表示するレーダーチャート

149

必要に応じ、組織診断結果（リスクセンス度評価）の3職階層ギャップをグラフ化

- 勤続年数別に、11項目の組織診断結果、バラツキ、それを表示するレーダーチャート
- 組織内部門別に、11項目の組織診断結果、バラツキ、それを表示するレーダーチャート
- 成績優秀者の組織診断結果との比較
- 全国平均値との対比
- これらの診断結果の解析から、組織としての課題と対策案を示した提案書

6.3.2　個人への受検結果報告

受検終了の翌日、事務局から受検者個人宛に、受検結果が出た「通知」メールが届きます。

受検時のID（アカウント）で指定サイトにログインし、自分の受検結果・評価を確認してください（閲覧可能期間は受検終了後1週間です）。ひな形は**別紙1**を参照ください。

（個人の診断結果）

- **個人の診断結果の評価および認定について**

第1部：「個人のリスクセンス度」で判定されます。

1問正解につき4点、満点は100点です（全25問）。

「認定」：次の2つを同時に満たした場合「認定」されます。

① 　得点合計が76点以上

② 　25問中には、基本問題となる11問が含まれており、9問（36点）以上正解

全ての受検者に対して、総合評価、LCB 3分野別のリスクセンス度が示され、全国平均との差異を含め、レーダーチャートで示されます。

あなたが11項目のなかで、どういう視点が弱いかが示され、今後学ぶべき点を確認することができます。

• **認定証**

認定者には受検コース（職階層）により、特定非営利活動法人リスクセンス研究会から認定証が授与されます。

①　上級管理職「リスクセンス検定・第1種認定」

②　中間管理職「リスクセンス検定・第2種認定」

③　一般実務職「リスクセンス検定・第3種認定」

希望する方には「認定証」をお送りします（別途料金＋郵送料）。

（組織の診断結果）

あなたの組織診断結果を表示し、全国平均と対比して、レーダーチャートで示されます。

また、診断結果に対して、あなたが組織をより良くするためにすべき事項をコメントとして記載します。（ひな形は**別紙2**参照）

別紙1　個人向け報告書

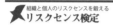

2016年03月10日

組織と個人のリスクセンスを鍛える
リスクセンス検定

~ 受検結果・評価 ~

○受検コース	・個人受検
	分　野：一般事業所
	立　場：中間管理職
	組織規模：中規模（50人以上300人未満）
	勤続年数：10年以上20年未満
○個人(登録)情報	ID：aaa0000001
	氏　名：化学太郎
	住所1：東京都中央区
	住所2：
	電話番号：03-3663-7931
	メールアドレス：xxxxx@xxxxxxx.co.jp
○受検日	2016年03月10日

今回、あなたが受検された「リスクセンス検定」の結果をお知らせします。

第1部　個人のリスクセンス度　~受検結果・評価~
第2部　組織のリスクセンス度　~診断結果・コメント~

リスクセンス検定
http://risksense-kentei.net/
（事務局）info@risksense-kentei.net

＜主催＞
特定非営利活動法人 リスクセンス研究会

http://risk-sense.net/
（事務局）
〒103-0007 東京都中央区日本橋浜町3-16-8
（株）化学工業日報社内
info@risk-sense.net

Copyright (c) リスクセンス検定. All Rights Reserved.

第6章　リスクセンス検定® 受検ガイド

第1部：個人のリスクセンス度【個人】
～受検結果・評価～

受検日：2016年03月10日
ID：aaa0000001

あなたの今回の「リスクセンス検定」受検結果
第2種（中間管理職）　8点

□ 結果

○ 得点

診断項目	得点	(満点)	%	全国平均値 %
L	0	(32)	0	49.2
C	4	(28)	14.3	49.5
B	4	(40)	10	63.9
合計	8	(100)		

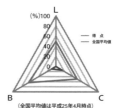
（全国平均値は平成25年4月時点）

○ 診断項目別評価

診断項目	コメント
L（学習態度）	自律的に学ぶ姿勢が不足しています。この状態が続くとあなたはトラブルや事故などの当事者の一人になる心配があります。
C（管理能力）	自己管理ができる力が足りません。この状態が続くとあなたはトラブルや事故などの当事者の一人になる心配があります。
B（実践度）	自主的に物事に取り組む姿勢がみられません。この状態が続くとあなたはトラブルや事故などの当事者の一人になる心配があります。

□ 評価

○ 総合評価
あなたは組織の一員として必要なリスクに対するセンスが不十分と判断します。良いコミュニケーションを築き、HH活動、KY活動、変更管理、リスクアセスメントや事例の水平展開活動、失敗事例を材料にした教育・研修、コンプライアンス活動とそのモニタリングを通じていろいろな活動の中に潜むリスクを早く感じ取るようリスクセンスを磨いてください。

○ 以下のポイントを重点的に学習されることをお薦めします。
　L1…リスク管理に関する基礎的なことを学ぶことを薦めます。
　L2…他者から学ぶ手法について基礎的なことを学ぶことを薦めます。
　L3…リスクセンスを身につける教育・研修に関する手法に関し、基礎的なことを学ぶことを薦めます。
　C1…モニタリングに関する基礎的なことを学ぶことを薦めます。
　C2…監査に関する基礎的なことを学ぶことを薦めます。
　C3…内部通報制度に関する基礎的なことを学ぶことを薦めます。
　C4…コンプライアンスに関する基礎的なことを学ぶことを薦めます。
　B1…管理職の心得に関する基礎的なことを学ぶことを薦めます。
　B2…HH,KY,5Sなどに関する基礎的なことを学ぶことを薦めます。
　B3…変更管理に関する基礎的なことを学ぶことを薦めます。
　B4…コミュニケーションをよくするための基礎的なことを学ぶことを薦めます。

○診断結果の見方
「認定レベル」とは、得点合計76点以上、かつ基礎問題（1問～11問）中、9問以上正解／「確保したいレベル」とは、得点合計60点以上

Copyright (c) リスクセンス検定. All Rights Reserved.

153

第2部：組織のリスクセンス度【個人】
～診断結果・コメント～

受検日： 2016年03月10日
ID： aaa0000001

📋 診断結果

あなたの診断による、あなたの所属する「組織のリスクセンス度」の現況はこのように評価されました。

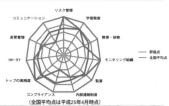

(全国平均点は平成25年4月時点)

診断項目	評価点	コメント
L1 リスク管理	6	組織の基本的なリスク管理は適切に行われているようです。現状を維持するだけでなく、リスク管理のレベルアップに取り組みましょう。
L2 学習態度	5	学習する姿勢はほぼ良いと推察されますが更に改善すべく努力して下さい。
L3 教育・研修	4	教育・研修が一応実施されていると推察されますがまだ不十分と推察します。改善すべく努力して下さい。
C1 モニタリング組織	6	モニタリングは適切に行われているようです。現状を維持するだけでなく、モニタリングのレベルアップに取り組んでみましょう。
C2 監査	5	監査はほぼ実施されていると推察されますが更に改善すべく努力して下さい。
C3 内部通報制度	4	内部通報制度は機能していると推察されますがまだ不十分と推察します。改善すべく努力して下さい。
C4 コンプライアンス	3	コンプライアンスへの姿勢は不十分と推察されます。至急改善してください。
B1 トップの実践度	6	トップの方針は基本的に実施される組織のようです。現状を維持するだけでなく、よりレベルアップしたトップの方針の実施に取り組みましょう。
B2 ヒヤリハット(HH) 危険予知(KY)	5	HH活動等はほぼ実施されていると推察されますが更に率先して改善すべく努力して下さい。
B3 変更管理	4	変更管理が一応実施されていると推察されますがまだ不十分と推察します。改善に努めて下さい。
B4 コミュニケーション	3	コミュニケーションは不十分と推察されます。至急改善してください。

📋 解説（診断結果・コメントの見方）

この図表は、「LCB式組織の健康診断」法により、あなたがあなたの所属する組織を診断した結果を表したものです。
・「評価点」は各診断項目についてあなたが評価したレベルで、赤で示した数字/ラインが評価点の平均です。
　LCBの11項目のどこに偏りがあるかチェックしましょう。
・〈4点〉が、組織のリスクセンス度が機能しているかどうか判断する基準と考えられます。4点以上の場合は、さらに
　良い状態を目指しましょう。4点以下の場合は、リスクの早期顕在化に支障をきたす恐れがありますので、改善を働き
　かけましょう。
　「コメント」を参考に、あなたとあなたの所属する組織のリスクセンス度を磨き、鍛えられますよう願っています。

Copyright (c) リスクセンス検定. All Rights Reserved.

- 「団体受検」での個人向け報告書は、「個人受検」と同じ形式の報告書を受け取れ、自らおよび所属する組織のリスクセンス向上に役立てることができます。

第6章　リスクセンス検定® 受検ガイド

別紙2　組織（団体）受検の報告書

ABCXYZ株式会社　殿

HI工場「リスクセンス検定」受検結果　報告書

平成27年3月1日

特定非営利活動法人　リスクセンス研究会

目　　　次

ページ

1．受検結果　　　　　　　　　　　　　　　　　　　(1)

（1）受検の実施内容　　　　　　　　　　　　　　(1)

（2）リスクセンス検定®法による組織の診断結果　　(1)

（3）個人のリスクセンス検定の結果　　　　　　　(10)

2．今後の取り進めに関するご提案　　　　　　　　(14)

第6章　リスクセンス検定® 受検ガイド

1．受検結果

（1）受検の実施内容

① **受検日**：平成27年2月1日から29日まで

② **受検者の内訳と受検方式**

【表－1】受検者の内訳と受検方式

受検者	人数	受検方式
1．上級管理職	3	Web方式
2．中間管理職	12	Web方式
3．一般実務職	79	ペーパー方式

③ **受検場所**：ABCXYZ社・HI工場

（2）リスクセンス検定® 法による組織の診断結果

　リスクセンス検定® 法では、独自に開発したLCB式組織の健康診断® 法により、組織が健全に運営されている状態を以下のように定義し、この状態から逸脱した拙い組織運営の事象に早く気が付くセンスを組織の構成員が持っているかどうか、またそれら拙い事象に早く気が付き速やかに対応する行動力を組織が持っているかどうかを11の視点から診断します。括弧内の項目は11の組織の診断項目で4点以上のレベル［注：診断は6段階で評価し、6点を一番よい状態としている］を維持していれば組織が概ね健全に運営されている状態としています。

　「組織のトップは、組織を健全に維持し成長させるために組織の目的を明確にして（B1：トップの実践度）よいコミュニケーション（B4：コミュニケーション）の下で組織構成員が組織の目標を達成できるような業務遂

(1)

157

行力を維持できるよう仕組みをつくり、維持し（L3：教育・研修、C4：コンプライアンス）、且つ変化に対応できるよう（B3：変更管理）組織を運営している。特に組織運営上のリスクへの対応（L1：リスク管理）に対し、過去の失敗に学ぶ（L2：学習態度）ことと身近に起きる小さいエラー［B2：HH（ヒヤリハット）／KY（危険予知）］に注意を払うと共に、エラーが起きないようにまた起きた場合、直ちに対応できるよう（C1：モニタリング組織、C2：監査、C3：内部通報制度）組織を運営している。」

　表－2の診断の結果から、以下のことが明らかとなっています。

① 　組織運営で最も重要であると考えられている事項、即ちトップが具体的に組織の行動目標を掲げ自ら率先垂範し（B1：トップの実践度）、良好なコミュニケーションの下（B4：コミュニケーション）、その組織目標達成のために組織構成員の教育に十分な経営資源（L2：学習態度、L3：教育・研修）を投入し、組織運営を行うという点では、上級管理職、中間管理職は4点以上の評価をしています。しかし、一般実務職は必ずしも管理職が思っているようなよい状態ではないと診断しています。

② 　また事故やトラブルの大きな要因となりやすい変更管理（B3）の運営については、上級管理職は目標としている4点以上のレベルに維持されていると診断していますが、中間管理職および一般実務職の階層は4点以下の不十分な状態と診断しています。

③ 　身近に起きる小さいエラー等に対し、早い段階に気が付く仕組み、B2（HH／KY）の診断結果は3職階層共、4点以上の診断をしていて、いつもと異なる事象に関する予兆管理がなされていると推定します。

④ 　拙いことが起きたり、それらが発見されたときにすぐトップに報告する仕組みであるモニタリング組織(C1)および内部通報制度(C3)に関し、一般実務職の階層においては4点以下の診断点であり、これらについて

(2)

第6章　リスクセンス検定® 受検ガイド

理解が不十分か、周知が徹底していない状態と推定します。

⑤　個人のリスクセンス検定の結果が優れている中間管理職の方で、組織の診断に関し、モニタリング組織（C1）、内部通報制度（C3）および変更管理（B3）に厳しい診断を下した方がいます。

⑥　概して職位の高い管理職は、組織運営はうまく行っていると診断しがちで、他方、その部下は職位の高い管理職が思っているほどよい状態にはないと診断する傾向があるという研究結果を私達は所有していますが、貴社においても**図－1**からこの傾向がみられます。

⑦　一般実務職の階層においては、勤務年数の長い程、組織運営はうまく行っていると診断する傾向がみられます（**図－2**参照）

⑧　今回の組織の診断結果は、**表－3**、**図－3**から各階層共、診断結果のバラツキが少ないと推定します。

【表－2】組織の診断結果

	一般実務職	中間管理職	上級管理職
L1：リスク管理	4.3	4.0	4.3
L2：学習態度	4.7	5.3	4.7
L3：教育・研修	3.9	4.7	4.7
C1：モニタリング組織	3.6	4.0	4.7
C2：監査	4.4	4.2	4.7
C3：内部通報制度	3.0	4.2	5.0
C4：コンプライアンス	4.4	4.2	5.3
B1：トップの実践度	3.9	4.8	5.0
B2：HH／KY	4.4	4.0	4.0
B3：変更管理	3.6	3.8	4.0
B4：コミュニケーション	3.8	4.2	4.7

［**注**］6.0が最もよい状態で、4点以上が望ましく、1点は最も拙い状態を示す。

(3)

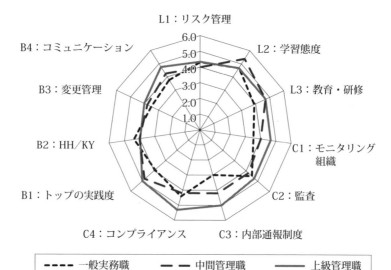

【図－1】組織の診断結果の傾向

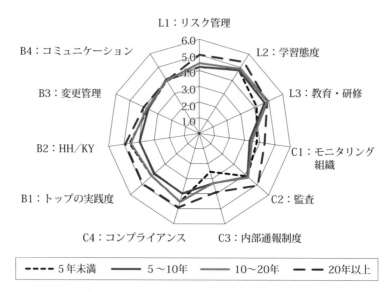

【図－2】一般実務職の勤務年数別診断結果の傾向

第6章 リスクセンス検定® 受検ガイド

【表－3】組織の診断結果のバラツキ（標準偏差）

	一般実務職	中間管理職	上級管理職
L1：リスク管理	1	0.7	0.9
L2：学習態度	0.8	1.3	0.5
L3：教育・研修	1.2	0.9	0.5
C1：モニタリング組織	1.3	1	0.5
C2：監査	1	0.8	0.5
C3：内部通報制度	1.4	1.1	0.8
C4：コンプライアンス	1	0.7	0.5
B1：トップの実践度	1	1.2	0
B2：HH／KY	1	0.9	0
B3：変更管理	1.1	1	1.6
B4：コミュニケーション	1.1	0.9	0.5

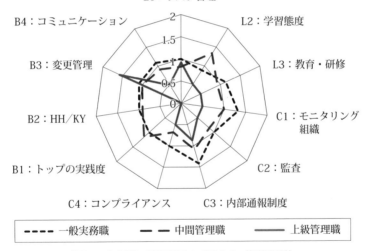

【図－3】組織の診断結果のバラツキ（標準偏差）

これらの診断結果から、以下のことを薦めます。

① 職位の高い人達は自分より職位の低い人達とよいコミュニケーション

に心がけ、診断結果の差異の原因を調査することを薦めます。
② 特に4点以下の望ましいレベルにないと診断した一般実務職階層のL3：教育・研修、B1：トップの実践度、B3：変更管理およびB4：コミュニケーションの現状を調査することを薦めます。
③ C1：モニタリング組織およびC3：内部通報制度に関し、一般実務職の階層に対し、理解が不十分か、周知が徹底していない状態と推定しますので、再教育を行うことを薦めます。

【参考】組織評価の3職階層ギャップ
（ギャップ：太字は上位者が甘い／色つき枠は上位者がシビア）

	L1	L2	L3	C1	C2	C3	C4	B1	B2	B3	B4	平均
上級－中間	0.9	-0.1	0.4	-0.3	-0.3	0.6	-0.1	0.3	-0.7	1.1	-0.9	0.1
中間－一般	0.2	0.1	0.8	0.0	0.4	0.1	0.3	0.3	0.2	-0.2	0.1	0.2
上級－一般	1.1	0.0	1.2	-0.3	0.1	0.7	0.2	0.6	-0.5	0.9	-0.8	0.3

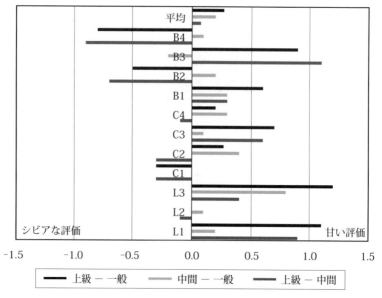

第6章　リスクセンス検定® 受検ガイド

【参考】全国平均値からの考察

① 一般実務職

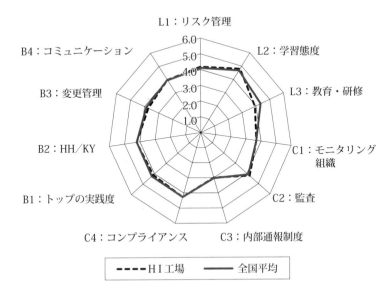

　貴工場の一般実務職の方は、他の組織の方と同じような診断をしていると推察します。

② **中間管理職**

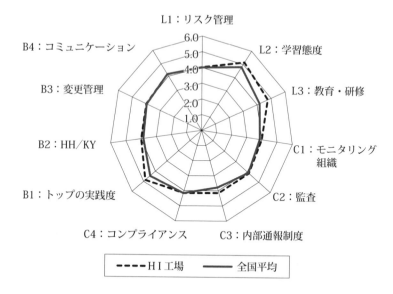

中間管理職の方は、トップは実践力がありL2：学習態度（過去の失敗に学び）、L3：教育・研修に高い評価をしており、好ましい組織と診断しています。

第6章　リスクセンス検定® 受検ガイド

③ **上級管理職**

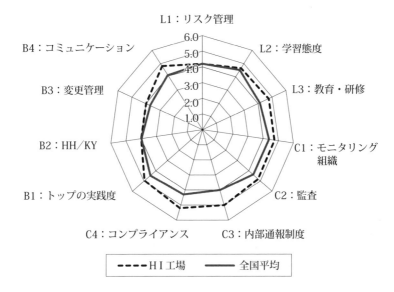

　上級管理職の方は、概して組織を好ましい状態と診断しています。私達は、概して職位の高い管理職は、組織運営はうまく行っていると診断しがちな傾向があるという研究成果を得ていますが貴工場は特にこの傾向が強いと感じます。

(3) 個人のリスクセンス検定結果

① 認定者 ［注］ 5名

内訳：中間管理職 2名（勤務年数：5〜10年）

一般実務職 3名（勤務年数：5年未満1名および5〜10年各2名）

各職階層の最高点と最低点は、**表－4**の通りであった。

［注］76点以上で易しい設問11問中9問正解の受検者を認定

【表－4】3職階層別の最高点と最低点

	一般実務職	中間管理職	上級管理職
最高点	88	80	60
最低点	20	44	56

なお、リスクセンス検定の成績の分布は**表－5**の通りであった。

【表－5】リスクセンス検定の成績の分布（単位：人）

得点の範囲	一般実務職	中間管理職	上級管理職
76以上	3	2	0
60から72	20	5	1
40から56	44	5	2
36以下	12	0	0
合　計	79	12	3

60点未満の人が67％占めている。

② 3職階層別リスクセンス検定結果

中間管理職は、最低限維持して欲しいと考える平均点のレベルの60点以上をなんとか維持しているが、上級管理職は57.3点、一般実務職は52.0点で60点以下と低い。できるだけ早く教育の機会を設け、3職階層共、最低限維持して欲しいと考えるL, C, Bの各分野のレベルL, C, Bの各分野の60点以上にまで向上させる必要があると考えます。

第6章 リスクセンス検定® 受検ガイド

【表－6】3職階層別リスクセンス検定結果［単位：点数（点数比率）］

分　野	一般実務職	中間管理職	上級管理職
L（32点満点）	15.8点（49.4％）	16.7点（52.2％）	13.3点（41.5％）
C（28点満点）	13.2点（47.2％）	17.3点（61.8％）	12.0点（42.9％）
B（40点満点）	23.0点（57.6％）	27.0点（67.5％）	32.0点（80.0％）
計（100点満点）	52.0点（52.0％）	61.0点（61.0％）	57.3点（57.3％）

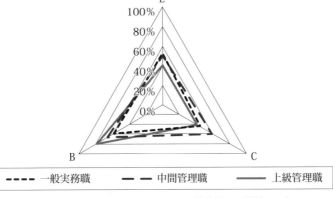

【図－4】3職階層別リスクセンス検定結果（単位：％）

③ 一般実務職の勤務年数別検定結果

表－7に一般実務職の勤務年数別リスクセンス検定結果を示した。この表から、20年以上の勤続年数の人に実践面におけるリスクセンスが低い傾向がみられた。この原因を調査することを薦めます。

【参考】

【表－7】一般実務職の勤務年数別　リスクセンス検定結果

	5年未満	5～10年	10～20年	20年以上
L（100％）	47.3	53.4	52.7	46.1
C（100％）	44.9	49.7	44.9	50.0
B（100％）	58.9	60.0	61.4	48.8
計（100％）	51.3	54.7	54.0	48.3

全国平均値からの考察

① 一般実務職

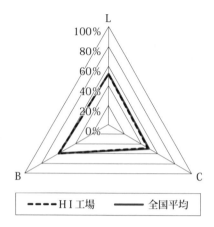

ほぼ全国の一般実務職と同じリスクへのセンス度と推察します。

② 中間管理職

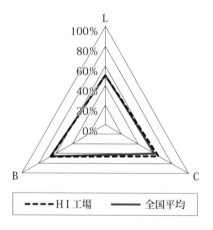

中間管理職の方も全国平均レベルのリスクへのセンス度と推察します。

③ 上級管理職

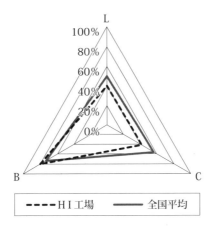

上級管理職の方は、全国平均レベルより低いと推察します。

2. 今後の取り進めに関するご提案

(1) 組織の診断結果を踏まえたご提案

　前記1.(2)項で述べたように組織の診断結果を踏まえ、一般実務職が望ましいレベルにないと診断したL3：教育・研修、C3：内部通報制度、B1：トップの実践度、B3：変更管理およびB4：コミュニケーションの現状を至急調査することを薦めます。

　これら4点以上のレベルにないと診断された5項目は、組織内に設けられた事故やトラブル、不祥事等が起きないように設けられている管理ルール（以下「防護壁」という）のうち、機能していない防護壁が複数潜在していることを示唆しています。

　それら防護壁を顕在化させる手法として、ここ数年にHI工場で起きた事故やトラブル、不祥事の事例を基にそれらが起きた組織的要因を今一度検討することを薦めます。

　組織的要因を究明する手法としては、幾つかの組織に跨って起きた事例は、VTA（Variation Tree Analysis）法となぜなぜ分析法を組み合わせた手法を、小さい組織の中で起きた事例では、M-SHEL（Management-Software, Hardware, Environment, Life）法となぜなぜ分析法を組み合わせた手法を使用することを薦めます。これらの事故解析手法を用いた機能しない防護壁の顕在化に関する指導業務は、別途事務局にご相談ください。

(2) 個人のリスクセンス検定結果を踏まえたご提案

　94名の受検者のうち、認定者が5名と認定率は5.3％と低く、60点未満が67％と多いことから個人のリスクセンスの向上が必要と考えます。

第6章　リスクセンス検定® 受検ガイド

例えば、リスクセンス検定の公式テキストである『組織と個人のリスクセンスを鍛える』を活用したり、リスクセンス研究会が主催するリスクセンスセミナーを受講し、リスクセンスを磨き、再度受検され、少なくとも受検者の最低点が60点以上のレベルを達成するよう組織として教育に努められることを薦めます。

以　上

6.4 リスクセンス検定® の活用

リスクセンス検定® を受け、その結果を組織内の様々な活動と組み合わせることにより運営の活性化を図ることができます。現在までの活用事例は以下の通りです。

- 組織風土のまずい点の定量的把握
- 労働安全衛生活動の進捗度の定点観測
- 組織風土改革の進捗度の定点観測
- 小集団活動とリンクさせた安全文化の向上
- 新組織発足時の組織風土のベンチマーク測定
- ISOなどマネジメントシステムの補完
- 新設する安全研修センターのメニューへの採用

それぞれの活用例の詳細は、『リスクセンスで磨く異常感知力』化学工業日報社(2015)の第7章で詳しく紹介していますので、そちらを参照ください。

第7章 リスクセンスの視点から診た 事故や不祥事の事例

　第3，4，5章で紹介している事故や不祥事の事例とそれらの解析手法を
リスクセンスの視点から診て11の組織診断要因がどのような状態であっ
たか、について説明しています。
繰り返される事故や不祥事の事例では、事例が発生した経緯と11の組織
診断項目が、維持して欲しいとしているレベルより低かったことを検証し
ています。
　解析手法付の事故事例の項では、組織要因を顕在化させる手法として推
奨しているVTA法とM-SHEL法を習得できるよう、3つの事故事例の解
析結果を紹介しています。

7.1　繰り返される事故や不祥事の事例

　第4章で組織が健全に運営されていなかったから発生したとして紹介
した事例は以下の8つです。日頃の経験から類似性を感じる事例から読
み始めてみませんか。

- 保全データ改ざん事件(1)−原子力業界の事例
- 保全データ改ざん事件(2)−化学・石油業界の事例
- 品質検査データ改ざん事件

- リコール隠し事件
- 粉飾決算事件
- 入試過誤
- 食中毒事件
- 発電所での蒸気配管噴破事故

7.1.1　保全データ改ざん事件 (1)－原子力業界の事例

2002年8月29日にT電力は、同社の原子力発電所において保全の点検記録改ざん、修理個所隠蔽が29件あったと発表しました。T電力は、原子力発電事業に対し不信感を与えたとして社長の引責辞任、17の原子力発電所全てを停止し安全の総点検を行いました。このT電力の発表に続き、同業4社も同じようなことがあったと発表し、電力行政の不作為も斯かる事件の原因の1つであることが顕在化し、法令の改正が行われました。ここではT電力のコンプライアンス違反について紹介します。

(1) 事件の顕在化の経緯

T電力・H原子力発電所1号機［注：2011年3月11日に東北地方を襲った巨大地震による大津波の影響を受けメルトダウン事故が起きた発電所内の1つ］の保全を担当していた元ゼネラルエレクトリック社の社員が、2000年になって1989年に保全データの改ざんが行われたと通産省（現 経済産業省）に内部告発をしました。通産省は2000年7月にT電力に対し内部告発の内容の調査を依頼し、11の原子力発電所の保全データにおいて上述の内容の電気事業法違反という事実が判明しました。

(2) 事件の原因

直接的な原因は、T電力の保全担当者が、発電機器の運転上は安全に問題がない程度ではあるが法律的には修理すべき欠陥が見つかったときに、法に則った修理をしないで、欠陥がなかったと虚偽の保全記録を作成したことです。修理を行わなかった理由は、予定した定期修理の期間を延長し

第 7 章 リスクセンスの視点から診た事故や不祥事の事例

て修理を行った場合、当該発電所のスタートアップが遅れ、会社全体の電力供給に支障が出ることを避けるためであったこと、定期点検期間の厳守、即ち発電量の確保という強いプレッシャーが保全担当者にあったことが明らかになりました。間接的には、原子力発電所の設備の維持基準が、常に新設時と同じ状態を維持することという装置の経年劣化を考慮しない、経年劣化があっても安全上問題ないにも係らず法に従って保全作業を行わなければならなかったことが挙げられました。点検時に不具合が見つかった場合、新品同様の状態にすることという基準は、原子力発電の事業者から見た場合、非現実的な基準でしたが、行政側が原子力発電装置は絶対安全であると言い続けていたことと原子力に対する厳しい世論の眼を気にしていたことから、改訂しなかったという事情がありました。

(3) 事件後の対応

T電力は、法令・倫理に関する組織を設置し、企業倫理順守活動を推進するため、社長を委員長とする企業倫理委員会を発足させ、T電力企業行動憲章を制定し、企業倫理順守活動を開始しました。一方、行政は、2003年10月から装置の経時劣化を織り込んだ設備の維持管理を導入しました。

(4) 検証「組織診断」

11の組織の診断項目のうち、L1：リスク管理、C2：監査、C4：コンプライアンス、B1：トップの実践度、B4：コミュニケーションが、私達が目指す組織運営の状態以下であったことを検証しました。なお、C3：内部通報制度は、本事件の後の2006年に施行されているので診断の対象としませんでした。

7.1.2 保全データ改ざん事件 (2)－化学・石油業界の事例

2003年4月22, 23日、経済産業省保安院は内部通報を受けてM県Y市にある総合化学会社T社Y事業所に立入り検査に入りました。その結

果、認定保安検査実施者[注]として高圧ガス保安法に基づく配管の肉厚検査を行っていなかったことが発覚しました。この事件を機に社内で見直しを行った石油業界の最大手のSN社が同年8月4日に、総合化学会社M社が8月8日に、それぞれT社と同質の違反を行っていたと発表しました。これらのことから経済産業省は全認定取得事業者に対し、検査状態を見直し報告するよう命じました。その結果、9月5日に大手化学会社Z社が、12月12日に同じく大手化学会社K社が、翌年1月23日に総合化学会社A社が同じような法律違反を行っていることが判明しました。

(1) 事件の原因

直接的な原因は、各企業の保全担当者が装置を稼働させる点からは安全に問題がないが法律的には修理すべき個所を点検することを怠り、点検したとして保全データを改ざんした法律違反です。その背景には、この頃、化学・石油業界は企業の存続が危ぶまれる程の不況に直面していたことから、多くの工場は経費削減が最優先という視点で工場が運営されていて、保全の担当者が安全性に問題がなかったことから、法令遵守より経費削減優先の方針に従ったことです。間接的には、高圧ガス保安法が、例えば極低温の機器類などのように定められた基準で設計し製作された機器の場合、なかなか劣化が進まないにも係らず定期的に点検するよう法律で定めていて、化学・石油の事業者が点検基準の見直しを求めていましたが、消防法や労働安全衛生法などとの整合性をとりにくいことから、改定が行われなかったという事情がありました。

(2) 事件後の対応

コンプライアンス違反を起こした各社は、従来にも増して企業倫理順守

[注] 認定保安検査実施者：毎年装置を停止して行うことが義務付けられていた保安検査周期を、一定の災害防止の技術基準を満たしている事業者には、毎年の定期修理を行わず、2年以上の連続運転をすることを"認定"する制度があり、認定制度に基づき保安検査をすると認定されている事業者をいう。

第7章　リスクセンスの視点から診た事故や不祥事の事例

活動を推進しました。一方で、行政は、保安検査の仕組みを省令で定める
方式から学協会など民間機関から提案される民間規格を活用する制度へと
変更し、2003年10月から高圧ガス保安協会で高圧ガス保安法の見直しが
行われ、2005年度から見直し案が実施されています。

(3) 検証「組織診断」

　11の組織の診断項目のうち、L1：リスク管理、C2：監査、C4：コンプ
ライアンス、B1：トップの実践度、B4：コミュニケーションが、私達が
目指す組織運営の状態以下であったことを検証しました。なお、C3：内
部通報制度は、本事件の後の2006年に施行されているので診断の対象と
しませんでした。

7.1.3　品質検査データ改ざん事件

　製薬企業T社は、作業手順を誤って規格外の製剤を生産したにも係らず、
担当者が納期厳守の工場の方針を優先させ、品質データを改ざんし、正規
品として出荷しました。その後、承認規格に合致しない製剤が出回ってい
るとの通報があり、薬事法違反が顕在化しました。

(1) 事件の概要

　T社は、2010年3月、承認規格に合致しない製剤を出荷したことによ
る薬事法違反として9日間の営業停止処分を受けました。製造工程の1つ
である混合工程において、有効成分と添加剤を取り違えて秤量・混合し、
ミスの可能性に気付いた工程の責任者が、次の工程の責任者にミスが起き
ていないロットのサンプルと差し替えて品質試験に提出するよう依頼、そ
の依頼どおり問題のないサンプルが提出され、品質試験がパス、結果とし
て規格外の製品が出荷されたというものです。T社では、その原因を「製
造における工程管理や品質保証に関するGMP［☞］・GQP［☞］に係る問題」
と「会社組織・風土に係る問題」に分類・整理し、再発防止に取り組みま
した。［注：その後、T社は独自路線での企業存続が難しくなり、経営主体が替

177

わり、事業を続けています。]

（2）事件の原因

不祥事の原因としては、以下のことが指摘されました。

① 社員1人ひとりにおいて、「生命と健康を守る医薬品メーカーである」という自覚や、「いい製品しか出さない」という意思が薄れている

② 経営層が、経営理念を社員に徹底できていなかった。

③ 会社急成長による「ひずみ」が存在した。この5年間で売り上げは約2倍、社員は、営業部門で10倍、全社で3倍以上となり、人材育成が追いつかなかった。

（3）再発防止策

この不祥事を受け、まず、社外相談窓口「企業倫理ホットライン」が設置され、「再発防止委員会」を中心に再発防止策・対応方策の検討が行われました。

問題点の対応方策（2010年6月13日時点）

GMP、GQPに関する問題	①意図的に操作できない仕組み ②取り違え防止やGMP上の教育訓練など
会社組織・風土に係る問題	①経営者を含めた社員の倫理観向上 ②評価・賞罰の見直し ③社内責任者・組織の変更
第三者評価	①外部有識者委員会 ②工場活性化プロジェクト

再発防止策の検討が終了し、「会社組織・風土に係る対応項目」のうち、「コンプライアンス」に関しては、次のような対応がとられました。

コンプライアンスの徹底（2011年3月時点）

コンプライアンス向上のための組織変更	・内部監査室長の選任	着任
コンプライアンス基本方針／マニュアルの制定		制定、施行

第7章　リスクセンスの視点から診た事故や不祥事の事例

コンプライアンス向上のための教育訓練	• 全社教育（6カ月毎に実施） • 活性化プロジェクトによる管理職、リーダーに対する集合教育	継続実施
コンプライアンス向上のための組織風土モニタリング	• 社内アンケート調査の実施、結果解析	継続実施
	• 行動規範の徹底	施行
人材育成	• 階層別教育	継続実施
内部通報を受ける外部窓口の設置	• 企業倫理ホットラインの設置、社内アナウンスによる周知	設置

(4) 検証「組織診断」

11の組織の診断項目の内、L1：リスク管理、L3：教育・研修、C1：モニタリング組織、C2：監査、C3：内部通報制度、C4：コンプライアンス、B1：トップの実践度、B4：コミュニケーションが、私達が目指す組織運営の状態以下であったことを検証しました。

7.1.4　リコール隠し事件

トップの確信犯的なマメネジメントにより組織ぐるみで行われたリコール隠しの事例です。この事件は内部通報制度が施行される以前に起きた事件であり、現在では、組織の構成員、1人ひとりが、早くリスクに気付けるようにリスクセンスを磨いて対応できる事件です。

(1) 事件の概要

2000年6月M自動車の欠陥車リコール隠しの事件が内部告発により発覚しました。

運輸省（現 国土交通省）は道路運送車輌法違反（虚偽の報告）の可能性があるとして、調査を開始しました。その結果、リコール隠しは14件（生産台数で70万台）が発覚しました。M自動車は、60万台以上のリコール届出、さらに内部調査により18万台のリコールの追加届出を行いました。運輸省は厳重注意し、リコール業務適正化の指示を行いました。M自動車は品質改善対策委員会（実態確認と改善）、品質諮問委員会（改善項目の

179

評価、勧告、監査）を設置すると共に経営トップの引責辞任に加え、海外D社から上級執行役員を受け入れ、自発的に40万台のリコール追加届出を行いました。

行政および市民は、一連の問題は終結したとの認識でしたが、その後、2004年に、M自動車は1993年から乗用車欠陥のリコール隠しがあったこと、さらに1989年以降、人身事故24件、物損事故63件、車輌火災101件を含む62件のリコール隠しがあったことを発表しました。M自動車は多額のリコール費用の発生、M自動車グループの乗用車・トラック・バスの販売激減、信用失墜、提携していた海外D社から追加支援打ち切りなど、企業として存続が危ぶまれる状態に陥りました。刑事事件としてもM自動車と幹部4名の起訴（2000年）、2002年2件の事故に関して、当時の社長、副社長が起訴（2004年）され、業務上過失致死罪で有罪（横浜地方裁判所、2008年1月）、元会長、関係役員、法人に罰金刑（東京高等裁判所、2008年7月）が下りました。

（2）事件の組織的要因

この一連のリコール隠しは、以下のような動機、誘因があり、関与者は、技術、品質に対する過信があったことと旧財閥系の甘えや事の重大さについて認識が甘かったと指摘されました。

① リコールに伴うイメージダウン、販売減少を回避したい。

② 大手のT自動車、N自動車との競争、あせりがあった。

③ 品質担当部門の規模が小さく、クレーム対応が不十分であった（発覚した車のみクレームの対象とし、全容を開示しなかった）。

④ 過去の苦い経験（1970年代欠陥車キャンペーンを行ったときに、関係者がM自動車を恐喝した容疑で有罪）により、会社本位主義が残った。

（3）検証「組織診断」

11の組織の診断項目のうち、L1：リスク管理、L3：教育・研修、C1：モニタリング組織、C2：監査、C4：コンプライアンス、B1：トップの実

第7章　リスクセンスの視点から診た事故や不祥事の事例

践度、B4：コミュニケーションが、私達が目指す組織運営の状態以下であったことを検証しました。なお、C3：内部通報制度は、本事件の後の2006年に施行されているので診断の対象としませんでした。

7.1.5　粉飾決算事件

　経営トップの確信犯的な不正行為は、なかなか顕在化させることは難しいことです。リスクセンスがある一定以上のレベルの組織構成員が集まっていて内部監査で不正を見つけても、社内の関係部門で処理されて、顕在することは稀といわれています。法的には監査役がその役割を担っていますが、経営のトップから監査役として任命されている現状を考えますと、不正に対しすぐ監査役が顕在化に行動すると考えることも難しいようです。このような場合に期待されるのは外部の監査機関である監査法人ですが、戦前では国内売上が第一位になったこともある老舗の繊維系大手のK社の粉飾事件では、この監査法人がトップの意向を組んで粉飾決算に手を貸していたことが明らかとなりました。

　K社の粉飾はバブルが崩壊した1991年頃に始まり、経営悪化によりメインバンクが支援する過程で粉飾決算を維持できなくなり、倒産という事態となり顕在化しました。三様監査も機能しませんでした。

（1）粉飾決算の経緯

　K社は1887年の創業で、昭和初期には国内売上げがトップになったこともある繊維系の老舗企業でした。高度成長期に事業の多角化を目指しましたが、化粧品事業を除いては成功した事業が少なく、一方で1970年代に繊維不況に直面しました。化粧品事業が他の事業の赤字を補填する形で粉飾決算が始まったと指摘されました。1995年にはメインバンクから役員が派遣され、不良資産の処分のための事業の売却など多くの経営的な手法により再建を図りましたが、2004年に産業再生機構に支援を要請し、多年度にわたって粉飾決算を行っていたことが明るみになりました。粉飾

181

金額は2003年時点で2,520億円で、粉飾行為も資産の過大評価から負債の過少評価にいたるまで粉飾手口のデパートと評されるまでの手口が明らかとなりました。

(2) 内部監査が機能しない理由

経営トップが粉飾決算が表に出ないように長年にわたって経理部門、財務部門の人事配置に腐心したと指摘されました。経営陣の意向に沿った人事が行われた場合、リスクセンスの低い人が配置されるわけで、これでは自浄作用が働きません。K社事件が顕在化したときの経理担当常務で粉飾決算の嫌疑で逮捕され、結果的に不起訴になったS氏の著書『責任に時効なし』[注]から推察しますと、配属された人の中には粉飾決算を続けることに異を唱える人もいました。しかし会社を辞める覚悟がないとなかなか表立った行動に移すことはできなく、指示された通り業務を進めざるを得なかった社内雰囲気のようでした。

(3) 監査役機能が働かなかった理由

K社の事件では、取締役の監査がその職務である監査役達は、取締役会や経営会議などの場で監査役として力が及ばなかったものの、それなりの役割を果たし、当時の社会環境から罪を問うまでもないとの司法の判断が出て、法的な責任を問われませんでした。内部通報制度が施行される以前の場合、監査役が不正を発見したときのとる行動として、K社の事件のように経営トップがリーダーシップをとった組織ぐるみの不正行為の場合には、社内的には無視され続けるか、監査役を辞任するか、取締役の職務執行に係る差し止め請求などを行うことが考えられます。しかし、現行の会社側から監査役として任命される仕組みの中では、多くの監査役は社内的に無視された状態で職務を続ける人が多いようです。

［注："動く監査役"が注目され始めています。2008年に起きた監査役による代

[注] 嶋田賢三郎：「責任に時効なし」アートデイズ（2008）

第7章　リスクセンスの視点から診た事故や不祥事の事例

表取締役の職務執行に係る差し止め請求や監査役に対し取締役の任務怠慢に対する監査を怠った理由で監査役に対し損害賠償支払いの判決が出、監査役を取り巻く環境も変わり始めています。]

(4) 監査法人の機能が働かなかった理由

K社事件では、監査法人が経営トップの懇願を受け粉飾に手を貸したとして監査法人の会計士3名が有罪判決を受けています。

監査法人はK社の会計監査業務を長年にわたって受託してきた経緯から、経営トップから懇願され、断固とした態度がとれなかったと反省しています。

(5) 検証「組織診断」

11の組織の診断項目のうち、L1：リスク管理、L3：教育・研修、C1：モニタリング組織、C2：監査、C4：コンプライアンス、B1：トップの実践度、B4：コミュニケーションが、私達が目指す組織運営の状態以下であったことを検証しました。なお、C3：内部通報制度は、本事件の後の2006年に施行されているので診断の対象としませんでした。

7.1.6　入試過誤

(1) 経　　緯

1999年6月に国立大学協会の総会で、国立大学入試の一連の情報を2001年度から受験者に開示する指針が決定されました。これに基づいて、2001年に41大学において試験成績の本人開示が行われました。このとき、本来国語の点数が偶数でなくてはならないところ、奇数の点数だったことに気付いた不合格であった受験生の指摘によって本事件が顕在化しました。

Y大学では、1997年からセンター試験の国語（現代文）の点数を2倍と決めましたが、採点のコンピュータプログラムを変更しておらず、1996年当時のままとしていました。このため、発見されるまでの5年間

183

で本来合格していた428名の受検者を不合格としていました。5年間に
わたって交替で入学試験を担当した教職員全員が、この単純なミスを発見
できず、大きな社会問題となりました。この事件がきっかけで複数の大学
で同様なミスが発見されました。

(2) 原　　因

この事件の直接的な原因は、変更に関する手順が明確に定められていな
かったことに起因するコンピュータプログラムへの採点方法の変更が行わ
れなかったこととそのチェックを怠ったことです。また間接的な原因とし
ては、入試担当になった教職員が、問題の作成から採点、試験結果の判定
までの入試業務全体の業務を、最初から最後までとおして相互に一度も
チェックしなかったことです。

大学の教職員にとって入試業務の担当になることは、本来業務を遂行し
ながらの定期的に担当しなければならない非定常業務であり、誰かがきち
んとやってくれているであろうという"他所の仕事"的な感覚で取り組ん
でいたと指摘されました。

(3) 検証「組織診断」

11の組織の診断項目のうち、L1：リスク管理、L3：教育・研修、C1：
モニタリング組織、C2：監査、C4：コンプライアンス、B1：トップの実
践度、B3：変更管理、B4：コミュニケーションが、私達が目指す組織運
営の状態以下であったことを検証しました。なお、C3：内部通報制度は、
本事件の後の2006年に施行されているので診断の対象としませんでした。

7.1.7　食中毒事件

45年前に同じ原因で食中毒事件を起こし、過去の教訓を活かしていな
かったとY乳業が猛省した事件です。

(1) 経　　緯

2000年6月、Y乳業のHACCP［☞］認証取得工場であるO工場で製造

184

第7章　リスクセンスの視点から診た事故や不祥事の事例

された「低脂肪牛乳」が原因で食中毒が発生しました。6月27日消費者からの食中毒の苦情に続き、同28日6人、同29日211人、同30日1,219人、7月1日3,700人と嘔吐・下痢の患者は増え続け1万4,849名（内5,413名が病院治療）まで拡大しました。

6月28日13時、苦情を受け付けた大阪市保健所がO工場へ立ち入り、自主回収を求めましたが、会社側は同意せず、店頭回収は同29日朝、製品回収の社告掲載は同30日（朝刊）と遅れました。社告掲載に先立ち、会社側は同29日16時に記者会見を行いましたが、消費者は、食中毒発生後丸2日以上経って状況を知るという結果になりました。

この間、Y乳業では、同28日中に4回の緊急会議を開催していますが、製造工程では問題なく、流通過程以降の問題と判断していました。しかし、患者が増加し続けたので、同20時にO工場のライン停止を決めました。

7月1日、会社側は「O工場内の生産ラインのバルブの内部から黄色ブドウ球菌を確認」と発表しました。同2日、大阪府警はO工場を現場検証し、製品「低脂肪乳」を大阪府立公衆衛生研究所で検査し、黄色ブドウ球菌の毒素エンテロトキシンを検出したと発表しました。大阪市はO工場を無期限営業禁止処分にしました。

同4日、大阪市が製品「カルパワー」と「毎日骨太」の回収も命令しました。Y乳業はO工場製の全商品を回収し、同日の記者会見で消費者へ謝罪を行いました。会見後、対応が遅れたことを厳しく指摘された社長が「私は寝ていないんだ」と発言し、マスコミで大きく取り上げられました。

同6日、社長が食中毒事件を起こしたこととその対応のまずさを理由に辞任を表明しました。

同10日、O工場において返品の乳飲料を再利用していることが判明し、翌11日、Y乳業は、20の全ての工場の操業を停止することを発表し、食品衛生の視点から総点検を開始しました。その後、厚生省（現 厚生労働省）が検査し、8月2日に全工場の安全宣言をしました。安全宣言後の同18日、

185

大阪市が、製品「低脂肪乳」の原料である「脱脂粉乳」から毒素エンテロトキシンを検出したと発表し、同23日、「脱脂粉乳」を生産したＹ乳業の北海道のＤ工場は、「脱脂粉乳」の汚染の原因は停電が遠因であったと発表しました。2000年３月、Ｄ工場で停電事故があり、脱脂乳が生産工程で長時間加温状態のまま放置され、黄色ブドウ球菌が繁殖し、この脱脂乳を原料とした脱脂粉乳のうち、４月10日の生産品が汚染源となったことが判明しました。

(2) 検証「組織診断」

この事件は、45年前の過去の教訓を活かすことができなかった日常のリスク管理のまずさ、教育・研修が十分でなかったこと、事件が起きた後のトップの対応や社内の情報の共有化ができていなかったこと、さらには、会社側の事件の調査経緯を報告する記者会見のあり方などがまずかったなど、業種を超えて学ぶことが多い事件でした。以下、問題点を列挙します。

① 　Ｏ工場では、製造ラインの仮設配管が十分洗浄されず、バルブ部分で黄色ブドウ球菌が検出されました。HACCP認証を受けていましたが、マニュアル通り、配管の洗浄が行われていなかったことが判明しました。

② 　Ｄ工場では、停電時のマニュアルが作成されていませんでした。作業員は、脱脂乳が生産工程で長時間加温状態のまま放置され毒素が発生したとしても、後工程で加熱するので無害になると信じていました。

③ 　過去の1955年のＹ工場での脱脂粉乳による食中毒事件（1,900人が被害）の再発防止策が継承されていませんでした。

④ 　事件発生直後の自主回収を見送ったという会社側の判断、事件の調査結果の報告を行う記者会見などでのトップのまずい対応が目立ちました。

⑤ 　悪い情報をトップへ報告していないコミュニケーションのよくない状態が記者会見で明らかになりました。

⑥ 　調査の結果、社員の安全衛生意識の欠如、脱脂粉乳の製造日の書き換え、不良品や返品の希釈・再利用が頻繁に行われていたことなどが明ら

第7章　リスクセンスの視点から診た事故や不祥事の事例

かになりました。11の組織の診断項目のうち、2000年に未施行であった「C3：内部通報制度」を除く、10項目全てが私達の目指す組織運営の状態以下であったことを検証しました。

7.1.8　発電所での蒸気配管噴破事故

(1) 事故の概要

2004年8月9日K電力・M原子力発電所3号機の2次系配管（高温の冷却水配管）が噴破し、蒸気および熱水885トンが流出し、定期点検（8月14日から）の準備作業に従事していた協力会社社員5名が死亡し6名が負傷しました。

事故が起きた直接の原因は、運転開始（1976年）以来、当該配管の噴破した部位は肉厚点検が必要と定められていた[注]にも係らず一度も点検が行われなかったことです。このため配管が磨耗と腐食とにより減肉し、管内を流れる流体の圧力（0.93Mpa）に耐えられずに噴破しました。

(2) 噴破した部位の点検がなされなかった経緯

1976年の運転稼動から1997年までは当該発電所を建設したM社が噴破した部位の点検を実施していましたが、点検部位としてのリストに噴破した部位を載せることを失念していました。1997年から肉厚点検を引き継いだK電力の子会社J社では2003年4月に噴破した部位が点検リストから洩れていることに気が付きましたが、同年の5月に実施した定期点検時の項目に追加する措置をとらなく、翌年の5月14日からの定期点検時に実施することとしていました。

一方、M社は、1997年以降に噴破した部位が点検リストから洩れていることに気が付きましたが、K電力と直接点検業務に関する契約を結んで

[注] K電力の発電所3号機を建設したエンジニアリング会社（M社）が作成した点検指針には噴破事故が起きた時点では記載されていた他、1970年代から当該部位は要点検部位ということが常識とされていた部位でした。

187

いなかったことからK電力には直接は連絡しなく、J社と保守のコンサル
契約を締結していたM社の子会社経由で連絡しました。噴破した部位が点
検リストから洩れているという情報のJ社内の関係部署での共有が不十分
であったことが指摘されました。

(3) 噴破した部位の点検がなされなかった原因

　事故調査報告書から推定しますと、噴破した部位の点検がなされなかっ
た直接的な要因は、J社およびK電力の保守担当部門の配管の点検業務に
関するリスク管理が適切でなかったことと2つの会社間のコミュニケー
ション不足です。その背景には1994年の阪神淡路大震災以後のK電力の
経営方針であった経費の削減という方針に沿ったK電力の保守部門のマネ
ジメントが大きく影響を与えていたと指摘されています。具体的には、配
管の点検経費の削減という方針と親会社と子会社との間に存在した権威勾
配により、J社の保守担当部門が2003年4月に噴破した部位が点検リス
トから洩れていることに気が付いたものの、同年5月からの点検に追加す
ることをK電力の保守部門に気楽に話すことができなかったことです。し
かし、「水平展開」の視点から考察しますと、K電力の保守部門は当該事
故が起きるまで3回も当該部位を発見する機会があり、マネジメントとし
て「水平展開」活動が機能していれば防ぐことができた事故でした。

　即ち、1986年サリー原子力発電所（米）で2次系配管において磨耗に
よる噴破が起き4名が死亡するという事故が起きました。そこでK電力は
M社に事故が起きた配管系の肉厚点検指針の作成を依頼し1990年にその
指針を制定しました。その指針をどこまでK電力としてチェックするか、
経営資源の投入の問題ではありますが、これが1回目の当該部位のリスト
洩れを発見する機会でした。2回目は1991年にK電力M原子力発電所2
号機の熱交換器の細管が疲労破断し、その重大性から「蒸気発生器展示館」
を設置するまで危機感を持ったときです。安全の総点検を行っていました
ので、点検リストからの洩れを発見する機会でした。3回目は2002年に

第7章　リスクセンスの視点から診た事故や不祥事の事例

顕在化した7．1．1項で紹介した「T電力・F原子力発電所1号機での保全データ改ざん事件」に関連して行政指導で各原子力発電所が保全データの総点検を行ったときです。

（4）検証「組織診断」

11の組織の診断項目のうち、L1：リスク管理、L2：学習態度、L3：教育・研修、C2：監査、C4：コンプライアンス、B1：トップの実践度、B4：コミュニケーションが、私達が目指す組織運営の状態以下であったことを検証しました。なお、C3：内部通報制度は、本事件の後の2006年に施行されているので診断の対象としませんでした。

189

【引用・参考文献】

《7.1.1項》

1) 東京電力株式会社「当社原子力発電所の点検・補修作業に係るGE社指摘事項に関する調査報告書」平成14年9月

《7.1.2項》

2)「東ソー株式会社に対する行政処分（限定完成検査実施者及び認定保安検査実施者の認定取り消し）について」経済産業省原子力安全・保安院，平成15年6月13日

《7.1.3項》

3) 新谷重樹：「敗軍の将、兵を語る」日経ビジネス，第1539号，P102，日経BP社（2010年5月3日）

4) 島田　誠「日本ジェネリック医薬品学会第4回学術大会モーニングセミナー」，2010年6月13日

5) 大洋薬品工業株式会社「再発防止委員会総括報告書」2011年5月18日

《7.1.4項》

6) 失敗知識データベース 失敗百選：自動車　No.5「三菱自動車のリコール隠し」　http://www.sozogaku.com/fkd/cf/CB0011010.html

《7.1.5項》

7) 嶋田賢三郎：「責任に時効なし」アートデイズ（2008）

《7.1.6項》

8)「山形大学工学部入試判定過誤に係る調査報告書」審査に関する調査委員会，平成13年7月14日

9)「山形大学工学部入学者選抜試験における合否判定過誤に関する原因調査報告書」山形大学工学部入試判定過誤に係る原因調査専門委員会，平成13年6月19日

《7.1.7項》

10)「雪印乳業食中毒事件の原因究明調査結果について－低脂肪乳等による

第7章　リスクセンスの視点から診た事故や不祥事の事例

黄色ブドウ球菌エンテロトキシンＡ型食中毒の原因について－（最終報告）」雪印乳業食中毒事件に係る厚生省・大阪市原因究明合同専門家会議，平成12年12月

《7.1.8項》

11)「関西電力株式会社美浜発電所３号機２次系配管破損事故について（最終報告書）経済産業省原子力安全・保安院，平成17年３月30日

12)「美浜発電所３号機２次系配管破損を踏まえた今後の課題と取り組みについて」関西電力株式会社，平成16年12月10日

13)「関西電力株式会社美浜発電所事故に関する意見書」日本弁護士連合会，2005年６月17日

14)「関西電力50年史」関西電力株式会社，平成14年３月

７.２　解析手法付の事故事例
（組織要因を顕在化させる解析手法を学ぶ）

VTA法とM-SHEL法を用いて、事故原因を究明した３つの事故の解析例を紹介します。事故原因のうちの組織要因の顕在化手法を習得してください。以下に紹介する３つの事故の解析事例から、組織内で起きる事故の解析手法としての適性を体験してください。

- 酸化反応器の爆発火災事故
- 塩ビモノマー（VCM）プラントの爆発火災事故
- アクリル酸プラント内の中間タンクの爆発火災事故

７.２.１　酸化反応器の爆発火災事故

酸化反応器が爆発し火災が発生し、従業員が１名死亡、負傷者25名、家屋損傷が999件発生した大事故です。事故発生の主な経緯を以下に時系列で示します。

1) 2012年４月21日　工場の蒸気系にトラブル発生。

2) 23：20　蒸気の供給が停止との連絡あり。

3) 23：32　酸化反応系のインターロックが作動。

4) 自動的に空気源（酸化反応の原料）が遮断され、代わりに窒素が挿入されました。同時に冷却水が装置内循環冷却水から消火水へ切り替りました。酸化反応系の停止プロセスがマニュアルどおり実行され始めました。反応器内の撹拌は、ドラフトチューブ内を上昇する空気で行われていましたが、代わって挿入された窒素で行われ始めました。反応器内の冷却コイルは、反応器の下部にのみ設置されていました。事故発生当時は、反応が進んでおり、反応生成物は反応器内の冷却コイルが設置されていない上部まで保持されていました。

第7章　リスクセンスの視点から診た事故や不祥事の事例

5) 00：40　運転担当は「消火水では反応器内の温度が考えている速さ
　　で下がらない」と判断し、インターロックを解除し、装置内の循環冷
　　却水へ切り替えました。

6) 01：33　反応器上部の温度アラームが発報（急激な温度上昇と圧力
　　上昇が発生）。

7) 02：11　反応器内の撹拌効果をあげるべく、エアーコンプレッサー
　　を起動。

8) 02：15　反応を制御する手段がなく、爆発・火災となった。

(1) VTA法による解析

　VTA法は、事故や不祥事が起きるのはいつもと異なった行動や事象が起きたからとして解析します。マニュアルなどで予め定められている、いつもの状態から逸脱した行動や事象を事故の時系列的記述から抽出し、それらがなぜ起きたかをなぜなぜ分析法を用いて原因究明します。

　VTA法で事故原因の解析を行う場合は、事故や不祥事などの関係者の行動や関係する事物の状態を定性的ですが時系列的に記述するので、多くの関係者の協力を要します。従って職場で起きた全ての事故事例の原因究明にこの手法を適用していますと、関係者の時間確保が難しくなります。従って適用する事例の選択基準として、関係者や関係する事物が多く、事故や不祥事が起きるまでにある程度の時間経過があり、組織として反省すべき要因が多いと推察される事故事例と決めている組織もあります。

　表7-1にVTA解析例を示しました。横軸に事故時に運転操作に携わった人達、この場合、運転担当者と現場で指揮をとった当該課の課長、そして爆発した反応器をとります。縦軸に時間的経過でそれらが爆発事故に至るまでどういう行動があり、反応器はどんな状態であったかを記述しています。説明を要する事項は、右側に記載します。そしていつもと異なる行動に○をつけます。この○の行動に関しなぜなぜ分析を行います。この際、分析する視点に抜けがないようにM-SHEL法で第1次原因を顕在化させ

193

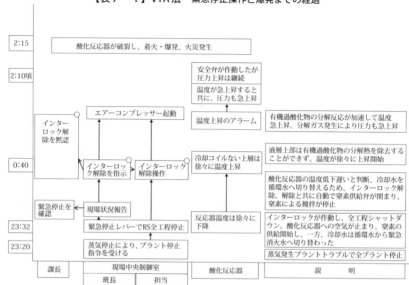

【表7－1】VTA法　緊急停止操作と爆発までの経過

ることを薦めます。課長および運転員についた○についてM-SHEL法で解析した結果を以下に示します。

(2) M-SHEL法による解析

　M-SHEL法は、図7－1の通り、ミスをした人（真ん中のL）の立場に立ってミスをしたときのM（Management）でミスに駆り立てるような要因はなかったか、作業をする際のS（Software、手順書などはソフトウエアに関するもの）はきちんと整備されていたか、H（Hardware、設備など）はどんな調子であったか、E（Environment、作業環境）はどんなであったか、L（Liveware、同僚とか上司との関係）はよかったかの5つの視点からミスの原因となった要因を顕在化させます。顕在化した要因についてなぜなぜ分析を行い原因を究明します。なぜなぜ分析の過程は省きますが、なぜなぜ分析の結果に基づく対策を要する11の組織の診断項目を記載しました。

第7章　リスクセンスの視点から診た事故や不祥事の事例

M：Management
　　指揮・管理など
S：Software
　　手順書など
H：Hardware
　　設備など
E：Environment
　　温度・湿度など
L：Liveware
　　対人関係

【図7-1】M-SHEL法

【表7-2】M-SHEL法解析　L：ライン管理者

要　因	原　因	対策を要するLCB式組織の健康診断® 項目
Management 指揮、管理	①本社他からの業務依頼に対応するのに追われ、日常、現場管理に十分力を注げない状態であった ②インターロックが作動した場合の緊急操作時の教育・訓練の不足 ③酸化反応器の上層部に冷却不可の部分が存在することに関するリスク管理の不備 ④インターロック解除を安易に容認した安全意識の欠如	L1：リスク管理、 L2：学習態度、 L3：教育・研修、 C4：コンプライアンス、 B3：変更管理
Software 手順書、マニュアル	①インターロック作動時、解除時に関する運転操作マニュアルの不備 ②爆発・火災に関する知識と意識の不足	L3：教育・研修、 B3：変更管理
Hardware 設備、道具	①酸化反応器の上層部に冷却不可の部分が存在することへの設備的対応の不備	L1：リスク管理、 B3：変更管理
Environment 環境要素 （温度、湿度など）	特になし	
Liveware 自分自身、同僚、上司	①インターロック解除に伴う運転操作に関し、適正な判断・指示ができなかった ②運転班長および運転員のインターロック解除に伴う運転操作に関する技術力不足 ③インターロック解除時の運転員、班長とライン管理者間のコミュニケーション不足	L3：教育・研修、 B3：変更管理、 B4：コミュニケーション

M-SHEL法　運転員が班長の指示のもと、インターロックを解除した行為

要　因	原　因	対 策 案
L1 本人	• 疑問もなく班長の指示通り操作 • 緊急時のシステムの理解、経験不足	• 緊急時操作の教育・訓練 • 緊急停止の経験不足をカバーする訓練・シミュレーション
L2（Liveware） 上司　班長 （同僚など周囲を含む）	• 緊急時のシステムの理解不足 • 上司の正式な承認得ないでインターロック解除する組織風土	• 緊急時操作の教育・訓練 • 自己の職責の範囲の教育
M（Management） 指揮・管理	• 緊急時の教育／訓練の不足 • インターロック解除ルールの不徹底	• 緊急マニュアル整備 • 緊急訓練 • ルールの徹底・安全文化
S（Software） 手順書・マニュアル	• 運転マニュアル不備	• マニュアル改訂
H（Hardware） 設備・道具	• 緊急時の安全システム不備（設計） • 冷却能力、冷却不可のエリアあり • 上層の温度計、警報なし • DCS画面が不適切（各層温度）	• インターロック解除条件見直し • 冷却能力の見直し • 液上層レベル管理の見直し • 設計の見直し、システム追加
E（Environment） 温度・湿度など 環境要素	• 緊急停止に伴ういろいろな作業が錯綜していて安全確認が困難な環境	• 緊急時操作の教育・訓練

　顕在化した原因から想定される具体的な対策は、当該企業が発表している次の3つの視点からの対策が考えられます。

① 　ライン管理者が現場に集中し、しっかり現場のマネジメントができる対策

② 　技術力の向上と技術伝承を確実に行える対策

③ 　安全最優先の徹底とプロ意識醸成・業務達成感が得られる対策

　私達はこの事例研究から、当該現場がLCB式組織の診断®法を採用し、日頃から組織の状態についてセルフチェックをし、**表7－2**に記載した6つの診断項目が4点以下の状態に陥っていることに気が付き、これら6つの項目について4点以上のレベルまで上昇させる施策を実施していれば事故は起きなかったのでは、と推察しています。

7.2.2 塩ビモノマー（VCM）プラントの爆発火災事故

　この事故は、2011年11月13日15：15に発生し、14日15：30鎮火、従業員1名が死亡した事故です。事故発生の経緯は以下の通りです。

　VCMプラントの機器の緊急遮断弁の誤作動（設計の不備）により、オキシ反応工程A系が停止し、精製工程をロードダウンしました。その過程で、蒸留操作のミスにより、塩酸還流槽に多量のVCMが流入したため、VCMがオキシ反応工程B系へ循環し反応工程全系が停止に至りました。蒸留系も停止することとなり、温度、組成が不調のまま停止しました。この状態で還流操作を停止し切離しました。還流槽（レベルは100％近辺）や塩酸一時受槽で長時間の保管により、塩化第二鉄が触媒となり、1,1-二塩化エ

【表7-3】VTA法による解析

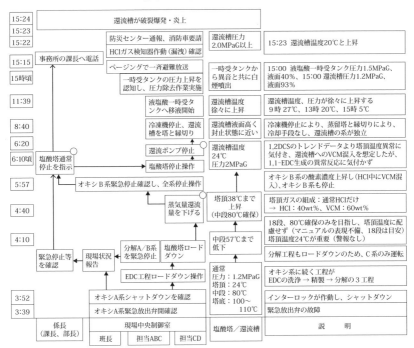

タンの生成反応（発熱）が進行しました。内圧上昇による受槽からの漏洩、液面の高かった還流槽は破裂し、次いで爆発、火災へとつながりました。

（1）VTA法による解析（表7-3参照）

ロードダウンから爆発、火災までの操作が長いので大きな流れだけのVTA解析表を**前頁**に示します。

（2）M-SHEL法による解析

通常とは異なる○の行為をVTA法で確認し、以下の2項目についてM-SHEL法により解析した結果を示します（**表7-4**参照）。

① 運転員が塩酸蒸留塔の温度管理ができなかった行為

【表7-4】M-SHEL法解析

要　　因	原　　因	対　策　案
L1 本人	・塩酸塔（蒸留塔）の運転操作の未熟 ・基本操作を理解していない（運転が自信がない）	・基本操作の教育・訓練の充実
L2（Liveware） 上司　係長、課長 （同僚など周囲を含む）	・現場の人員・能力把握の欠如 ・現場での指示（蒸留継続）不適切 ・急な運転操作で同僚、上司に相談する余裕がない	・資格制度、能力の認定など、有効な運転職場の構築 ・人（配置）の余裕 ・現状を是とせず、指導する力のある管理職の養成
M（Management） 指揮・管理	・蒸留塔運転管理の指示不十分（還流量減らさず対応） ・蒸留塔運転の基本操作の不徹底 ・緊急時の教育／訓練の不足・不徹底	・緊急マニュアル整備 ・緊急訓練 ・蒸留操作の基本教育 ・資格・認定の検討
S（Software） 手順書・マニュアル	・運転マニュアル不備 （塔頂・塔底温度管理が大切だが、還流量、蒸気のみ記載） （18段温度80℃のみ強調）	・マニュアル改訂 （緊急時、蒸留塔の運転方法） ・Know-Whyの明確化
H（Hardware） 設備・道具	・塔頂温度の警報システム不十分 ・緊急時の安全システム不備（設計）	・重故障アラーム追加 ・塔頂温度でインターロック設置（オキシ反応系停止）
E（Environment） 温度・湿度など 環境要素	・いろいろな作業が錯綜していてKYや安全確認が困難な環境	・各自が安全に対して真剣に取り組む風土づくり

198

第7章　リスクセンスの視点から診た事故や不祥事の事例

② 管理職が塔頂温度の異常、VCM混入に気付きながら、通常停止のみを指示した行為

要　因	原　因	対　策　案
L1 本人 （係長・課長・部長）	・管理者としての教育／訓練の不足 ・技術の継承不足 ・蒸留塔停止を安易に指示（温度・圧力・還流槽液面を正常にしてから停止すべき）停止（緊張停止含む）リスクの配慮欠如	・教育の実施・徹底 ・基本に戻り、プラントのリスク見直し、プロセスの見直し ・開発資料・技術資料確認 ・プラント停止の緊急度と是非について教育徹底
L2（Liveware） 上司・工場トップ （同僚など周囲を含む）	・真の技術者、管理者の育成を怠る	・工場幹部との忌憚のない意見交換 ・安全風土の構築
M（Management） 指揮・管理	・リスク管理の不備 ・管理者としての教育／訓練の不足 ・運転管理の弱さ（指導力） ・技術の継承の不備	・管理者教育の実施 ・プラントのリスク管理見直し ・運転が不適切なとき、再蒸留をさせる見識・度量（叱るを含む）
S（Software） 手順書・マニュアル	・運転マニュアル不備 ・技術標準の不備（EDCやVCMの基礎的な反応に係る知識を含む） ・過去のトラブル集の咀嚼不十分	・マニュアル改訂（緊急時の運転方法） ・過去のトラブル整理 ・Know-Whyの明確化
H（Hardware） 設備・道具	・運転異常の警報、異常時の対応システムの不備	・設備、プロセス、システムの総点検（HAZOPなど） ・設計、技術者の教育
E（Environment） 温度・湿度など 環境要素	・緊急時で、操作などが錯綜し、冷静に設備状況を確認し、自信を持って指示できない環境	・常日頃の教育・訓練 ・管理者の指示なしでも対応できる職場構築

(3) 11の防護壁に関する問題となった事象（行為）

以下の項目（防護壁に相当）が確保できていれば、事故を未然に防止できたと推測されます（**表7-5**参照）。

①現場感覚を有する人材の不足（現場を知る技術者・管理者不足）

　ライン管理者の指示が適切でなかった（VCMを含む還流槽の液面のレベルが高い状態で切り離しを許可）:「温度、圧力、還流槽液面を正常にしてから停止」を指示しなかったことから、L1, L2, L3, B2が維持

【表7－5】機能しなかった防護壁

指標	項　目	爆発火災事故の問題点
L1	リスク管理	・緊急放出弁故障・緊急停止について想定していず、リスクアセスメント不十分
		・大幅な稼働率低下時の塩酸塔のシステム設計、運転キーポイント管理不備
		・大幅な稼働率低下時のHAZOPが不十分
L2	学習態度	・過去の塩ビ関係の事故・トラブル・文献の水平展開不足 ・無事故継続による安全意識の低下、安全推進体制の緩みにつながった
L3	教育・研修	・蒸留塔運転の基礎ができていない
		・緊急ロードダウン時マニュアルに詳細な記述なし、教育および対応訓練が不足
		・技術の継承→基礎的な塩ビに係る反応、反応熱（当初はわかっていたはず）（塩化鉄触媒　VCMとHCl→1,1-EDC生成）
C1	モニタリング組織	
C2	監　査	・大幅な稼働率低下時のHAZOPなどの実態の確認が不足
C3	内部通報制度	
C4	コンプライアンス	
B1	トップの実践度	・大幅な稼働率低下時の現場の安全第一を身を持って示しているか
		・無事故継続時の安全に係る方針の徹底不足
B2	HH/KY	・緊急放出弁故障、循環塩酸濃度異常時のHH/KYがない（危険個所抽出が不十分）
B3	変更管理	・大幅な稼働率低下時の非定常作業の教育方法見直し・徹底
B4	コミュニケーション	・安全に係る日頃からのコミュニケーション（忌憚のない意見交換）不足

　したい4点より低いレベルであったと推察しました。

②　大幅な稼働率低下という運転条件変更の際の運転員の特に塩酸塔の操作が適切でなかった（運転ミスとマニュアルにKnow-Whyの記載がないという不備）（塩酸塔の中段、上段温度、還流量の管理ができなかった）ことから、L1，L3が維持したい4点より低いレベルであったと推察しました。

③　製品、中間製品の性状、反応性の把握が十分でなかったために発生（「鉄さび触媒で塩酸とVCMが反応し1,1-EDCを生成」という反応が起きる

第7章　リスクセンスの視点から診た事故や不祥事の事例

ことに気が付かなかった：基礎的な塩ビに係る反応や反応熱については当初はわかっていたはず）したと推察し、L1，L2，L3：が維持したい4点より低いレベルであったと推察しました。

　事故の当事者（組織）として、その背景について、「これまで大きな事故もなく長期間にわたって運転されてきたこと、装置面、運転面からの検討が従来から加えられてきており、技術的には確立されたと信じられてきたことが、安全意識の低下、安全推進体制の緩みにつながり、今回の爆発火災事故を引き起こした。全社一丸となった改善課題を抽出する。」として、**表7－6**の対応を行っています。

【表7－6】事故後の改善対策

項　　目	対策の概要	防護壁
①緊急放出弁見直し	・弁の機能変更→系内ガス抜弁、破裂板の設置（安全設計）	L1
②塩酸塔の温度管理 ・還流槽管理 （VCM溜出防止） ・液塩酸一時受タンク	・塔頂温度異常時、インターロック、温度異常の警報強化 ・運転マニュアルの改訂、教育訓練 ・塩酸塔停止基準の明確化、温度異常および圧力上昇の検知 ・監視システムの強化、マニュアル改訂並びに教育訓練	L1，L2，L3
③異常反応防止	・還流槽、液塩酸一時受タンク、副反応のマニュアルへの追記、教育	
④異常停止などの教育	・プラント異常停止や運転マニュアルや教育訓練の見直し	
⑤経営トップ	・安全操業が最優先、保安活動への取り組み指揮	B1，C2
⑥事業所管理部門の保安活動へ関与	・事業所長のリーダーシップ下、環境保安、設備管理部門は現場の保安活動を支援、指導すると共に、自らが先頭に立って行動する	
⑦コミュニケーション面での課題	＜製造部内＞現場の不安感、やらされ感の一掃、対応の方法／速度 ＜管理部門－製造部門＞製造部門からの諸案件、諸提案へ対応 ＜事業所の部門間＞保安活動に関する連携、統率感、スピード感 ＜地域－事業所＞地域住民や関係官庁への体制、対応	B4

201

（続き）

項　　　目	対策の概要	防護壁
⑧知識、技術伝承上の課題	・プラントの設計思想や運転方法案の技術的な根拠に関する知識、Know-Why、納得感、非定常状態時の対応、理解度の確認方法	L1, L3, C4
⑨安全活動の実効性	・PYT（プロセスKYT、HH、事故事例研究、HAZOPなどの充実、複雑な事象や想定外異常の訓練、事故災害事例の活用	L1, L2, L3, B2
⑩人材育成	・現場での知識・経験が低下傾向、異常や緊急事態への対応力や応用力強化（世代交代、人の配置、教育の見直し）	L3, B3

7.2.3　アクリル酸プラント内の中間タンクの爆発火災事故

　2012年9月29日（土）蒸留塔の能力テストを行っている過程で14：35頃アクリル酸中間タンクが爆発し、翌30日15：30に鎮火しました。消防吏員1名死亡、負傷者35名という事故です。

　事故の発生経緯は以下の通りです。

　全停電工事の終了後、アクリル酸プラント内蒸留塔の能力テストを行うためにアクリル酸の反応系、蒸留・精製系と運転を開始しました。9月24日アクリル酸を精製塔から通常は経由しない中間タンク経由で回収塔へ供給しました。9月28日14時から蒸留塔の負荷アップテストのため中間タンク（保管可能容量70㎥のところ60㎥保管）を切り離して運転していました。9月29日14：35頃、中間タンクが破裂しました。飛散内容物に着火し、火災が発生しました。また隣接するアクリル酸タンク、トルエンタンクおよび消防車輌にも延焼しました。

（1）VTA法による解析

VTA法解析によるいつもと異なる行為は、**表7－7**の○を付けた行為です。

202

第7章　リスクセンスの視点から診た事故や不祥事の事例

【表7-7】VTA法　V-3138アクリル酸中間タンクの破裂までの運転状況

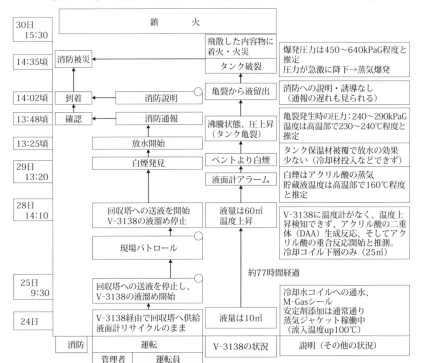

(2) M-SHEL法による解析

○のついた28日9:30のタンクV-3138への液だめ開始した行為とその行為を継続し現場をパトロールした2つの行動についてM-SHEL法により解析した結果を示します。

①V-3138への液だめ開始した行為（表7－8参照）

【表7－8】M-SHEL法　　V-3138への液溜め操作開始

要　因	原　因	対　策　案
L1 運転員	• アクリル酸の反応性（重合）に関する危険性の認識が低かった • 作業指示書なしで運転操作 • 作業前KYの未実施	• アクリル酸の性状、危険性教育 • 非定常作業実施の再教育 • 設備（増設、変更）の経過教育（変更管理の徹底）
L2（Liveware） 上司　係長、課長 同僚など周囲を含む	• アクリル酸プラントの運転に関し、上記の運転員と同等の危険認識	• 同上
M（Management） 指揮・管理	• 前回のテスト結果のフォローが不十分な技術管理 • 指示書なしおよび作業前KY未実施などの非定常作業の管理 • 多忙でこの種の作業まで管理できない現場の体制	• 現場の運転管理体制の見直し • 非定常作業の管理の徹底 • 変更管理の徹底
S（Software） 手順書・マニュアル	• 非定常作業マニュアル不備 • 作業前KY未実施	• 非定常作業のマニュアル整備
H（Hardware） 設備・道具	• 流入液（アクリル酸）の温度不明 • 保温方式が複数ある（系で異なる）	• 高温にしない対策（温度検知、加温方法の改善、MAX温度制限）
E（Environment） 温度・湿度など 環境要素		

②運転員が現場をパトロールしたときの行動（表7－9参照）

【表7－9】M-SHEL法　　パトロール

要　因	原　因	対　策　案
L1 本人（運転員）	• 液貯め操作は数年に一度で、安全対策教育が疎かになっていた • 作業前KYを行わなかった • 天板リサイクルラインの停止（弁閉）に気が付かず	• 安全および運転操作に関する教育の徹底
L2（Liveware） 課長・係長 同僚など周囲を含む	• 作業指示書の作成なし • テスト前の現場確認なし • 作業前KYを行わなかった	• 作業指示書発行の徹底 • 業務多忙改善 • 安全意識改善
M（Management） 指揮・管理	• KY・リスク管理の不備 • アクリル酸に関する安全教育が不足 • 非定常作業管理の不備 • 業務多忙で運転管理が不十分	• リスク管理方法の見直し

第 7 章　リスクセンスの視点から診た事故や不祥事の事例

（続き）

要　　因	原　　因	対　策　案
S（Software） 手順書・マニュアル	・非定常作業マニュアル不備 ・過去のトラブルの水平展開不足	・マニュアル改訂
H（Hardware） 設備・道具	・温度異常の警報なし、異常時の対応システムの不備	・設備、プロセス、システムの総点検
E（Environment） 温度・湿度など 環境要素		

（3）11の防護壁と問題となった事象（行為）

M-SHEL解析の結果を踏まえ、11の防護壁の実態を一覧に示しました（**表7-10**参照）。

【表7-10】機能しなかった防護壁

指標	項　　目	アクリル酸タンクの爆発火災事故の問題点
L1	リスク管理	・アクリル酸保管量、温度の差異によるリスク評価の未実施
		・アクリル酸中間タンクの設計不備（温度検出なし、冷却コイル下層部のみ）
		・HAZOPが不十分
L2	学習態度	・過去のアクリル酸関係の事故・トラブルの確認不足（水平展開不足）
		・無事故が安全意識の低下、安全推進体制の緩みにつながった
L3	教育・研修	・アクリル酸の危険性、安全対策に係る教育不足（教育・訓練、理解度）
		・幾度かの増設、変更に伴う教育訓練が不足（Know-Why）
		・作業手順書を作成し作業前KYを実施し、作業することの周知徹底
C1	モニタリング組織	
C2	監　　査	
C3	内部通報制度	
C4	コンプライアンス	
B1	トップの実践	・安全第一を身を持って示すことが必要であるが、実態はどうか、現場を確認しているか
		・無事故継続時の安全に係る方針の徹底不足
B2	HH/KY	・アクリル酸中間タンクに係るHH/KYが不十分
B3	変更管理	・タンク流入液保温対応（温調トラップ取外し）の変更管理周知、徹底の不備
B4	コミュニケーション	・作業指示書無の日定常作業に関し、コミュニケーション不足

205

本解析でも、以下の防護壁に相当する項目が4点以上のレベルに維持できていれば、事故を未然に防止できたと推測されます。実際に問題となる行動と防護壁との関係を以下に示しました。

①　中間タンクで天板リサイクルの未実施、事故後の中間タンク運転マニュアルおよび天板リサイクルラインの表示の見直し行為からL1，L2，L3，B2が維持したい4点より低いレベルであったと推察しました。

②　蒸留塔の負荷アップテストでリスク評価が十分でなかった（作業指示書なし、ライン管理者および運転担当者共に作業前KY未実施）ことから、L1，L3，B2，B3が維持したい4点より低いレベルであったと推察しました。

③　アクリル酸の危険性認識（固結、重合、高温時の危険性）が十分でなかったとマニュアルが不備であったと事故後に反省していることからL1，L2，L3，B2が維持したい4点より低いレベルであったと推察しました。

　事故後の会社の対応と対策は次の通りです。

　『社是「安全が生産に優先する」を実現させるため、安全は他者から与えられるものではなく、自ら考え、勝ち取ることを改めて自覚し行動する。ルールを「守る」こと、また、安全を損なう可能性がある事柄に「気付く」ことから始まり、より安全な企業へと「変わる」を実現する。いずれも、組織および個人に知識、知見、知恵がなければ実現はおぼつかないため、再発防止対策の実施と並行して、人材育成についても全社的な課題として取り組むべきである。』として、以下の対応を行っています（**表7－11**参照）。

第7章　リスクセンスの視点から診た事故や不祥事の事例

【表7−11】事故後の対策

項　　目	対策の概要	防護壁
①移送配管の加熱変更	• 設計条件の設定し、配管仕様変更(リスク評価)、試運転評価	L1
②V-3138、付帯設備新設（安全対策）	• 温度管理のため、温度計設置、天板リサイクルの常時実施 • 異常判断基準を設定し、緊急安定剤の投入などの対策実施 • V-3138（付帯設備新設）のリスク評価・妥当性評価、試運転評価	L1, L2, L3, C4
③マニュアル整備	• T-5108、V-3138のマニュアル・P&I・現場表示整備	
④教育・訓練	• 運転マニュアル変更、アクリル酸危険性の教育（再教育）	
⑤類似災害防止 　運転作業管理 　危機管理 　変更管理（水平展開）	• 作業管理：KY・リスク評価を必須とし、指示書適正化を図る • 変更に伴うリスク評価を必須とし、抜け防止を図り、周知する • 危機管理マニュアルを見直し、公設消防との連携（説明）を図る • 事故事例の収集とトラブルの水平展開を徹底する（技術参画）	L1, L2, L3, B2, B3
⑥設計の適正化	• タンク付帯設備設計基準の見直し（設計基準）	L1
⑦アクリル酸使用設備の防災（全体の統一）	• タンク管理温度および温度管理手段の見直し統一 • 異常予兆に係る判断基準に基づく各設備の基準温度の設定 • 異常事態などへの対応を補強する（供給遮断、異常進行遅延、抜出・放出、隔離など） • これらのリスク評価、設備見直し、マニュアル更新と教育	L1, L2, L3, B3
⑧防災対策の水平展開	• 得られた知見を他事業所へ反映。知見を他社や業界へ提供し、アクリル酸業界はもとより化学関連産業への安全活動へ貢献	L1, L2, L3, B4
⑨安全文化の醸成 　安全活動の実効性	• 安全は自ら考え、勝ち取るものと自覚し、リスクに「気付く」組織および個人の行動へ反映。人材育成、自らおよび第三者検証を行う	L1, L2, C1, C2, B1, B2

207

【引用・参考文献】

《7.2.1項》

1)「三井化学岩国大竹工場レゾルシン製造施設爆発に係る報告書（概要)」
2012年9月

2)「三井化学岩国大竹工場レゾルシン製造施設　事故調査委員会報告書」
2013年1月

3）松尾英喜：「三井化学株式会社の抜本的安全に向けた取組」第45回災害事
例研究会予稿集（主催 NPO安全工学会）東京，2013年7月14日

《7.2.2項》

4)「東ソー南陽事業所第2塩化ビニルモノマー製造施設爆発火災事故調査対
策委員会報告書」同爆発火災事故調査対策委員会，2012年6月

《7.2.3項》

5)「日本触媒事故調査委員会中間報告」2013年1月

6)「日本触媒姫路製造所アクリル酸製造施設爆発・火災事故調査報告書」事
故調査委員会，2013年3月

≪リスクセンス関連用語集≫

◎ETA

Event Tree Analysisの略で、イベントツリー解析／事象の木解析。安全性解析やリスクアセスメントで用いられる手法の1つ。ETAは、原因となる初期事象がどのような過程で危険事象に進展・拡大するかを時系列に示すものです。初期事象から最終事象までの各段階における対策の問題点（発生確率）を評価するのに有効です。具体的な事故進展・拡大防止策を検討する場合に用いられる。ETAはFTAに比べ樹木図の構造が簡素であり、ETAは影響解析技法として使われています。

◎FMEA

Failure Modes and Effects Analysisの略で、失敗モード影響解析。危険シナリオ分析手法の1つで1950年代に軍用航空産業で開発された手法です。

システムの各構成要素に生じる可能性のある失敗（故障、エラー）の形態（失敗モード）を列挙し、それがシステム全体に与える影響を定性的に評価することによって、全体に影響を与える重大な危険源をボトムアップで特定する手法です。ワークシートの例を**表**に示します。

FMEAが構成要素と失敗モードに着目する手法は、機器故障にもヒューマンエラーにも適用が可能です。

◎FTA

Fault Tree Analysisの略で、故障・事故の分析手法の1つで、フォルトツリー解析。JIS Z 8115：2000では、

【表】FMEAワークシート

構成要素	呼称モード	影響	重大性	原因	対策
冷却水ポンプ	停止	システム全停止	10	電源喪失	補助電源
手動操作による ポンプ起動	起動遅れ	生産計画の遅れ	5	技能未熟	訓練指導

フォールトの木解析と定義されています。

最終的に起こりえる危害（故障・事故）を最終事象とし、それを引き起こす原因を抽出し、末端事象までを書き表した「フォルトツリー」を作成します。それぞれの事象が発生する確率を推定し、最終的に最終現象に至る確率を推定する方法です。図にフォルトツリーの例を示します。ここで言う「フォールト」とは、機器の故障やヒューマンエラーなどのイベントを指し、それぞれの発生確率を加算し、基本的な事象が起こりうる確率を算出します。なお、FTAは、望ましくない事象に対しその要因を探る、トップダウンの解析手法を特徴とします。これは、類似のFMEA（失敗モード影響解析）とは逆のアプローチになります。

◎HACCP

Hazard Analysis and Critical Control Pointの略で、危害要因分析に基づく必須管理点。ハサップまたはハセップと呼ばれます。1960年代に米国で宇宙食の安全性を確保するために開発された食品の衛生管理の方式です。食品を製造する際に工程上の危害を起こす要因（ハザード）を分析しそれを最も効率よく管理できる部分（必須管理点）を連続

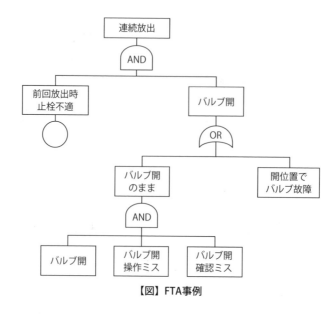

【図】FTA事例

《リスクセンス関連用語集》

的に管理して安全を確保する管理手法です。また、HACCPは、国連食糧農業機関（FAO）と世界保健機構（WHO）の合同機関である食品規格（Codex）委員会から発表され、各国にその採用を推奨しています。

＜HACCP方式＞

原料の入荷から製造・出荷までの全ての工程において、予め危害を予測し、その危害を防止（予防、消滅、許容レベルまでの減少）するための重要管理点（CCP）を特定し、そのポイントを継続的に監視・記録（モニタリング）すること、且つ異常が認められたらすぐに対策を取り解決することが決められており、不良製品の出荷を未然に防ぐことができるシステムとなっています。

日本では、1996年5月に食品衛生法の一部を改正した「総合衛生管理製造過程」の承認制度が創設され、食品の安全性を確保するためのHACCPシステムが組み込まれています。安全性以外に、施設設備の保守管理と衛生管理・防虫殺菌対策・製

品回収時のプログラム等の一般的衛生管理を含めた総合的な衛生管理を文書化し、実行することを要求しています。

従来の衛生管理は、製造する環境を清潔にすれば安全な食品が製造できるとの考えのもと、製造環境の整備や衛生の確保に重点が置かれてきました。そして、製造された食品の安全性の確認は、主に最終製品の抜取り検査（微生物の培養検査等）により行われてきた。（製品の全てを検査することはできません）

◎HAZOP

Hazard And Operability Study の略で、危険シナリオ分析手法の1つで、ハザード操作性解析。1960年代化学プロセスにおける複数の独立した事象が複雑に絡む故障を取り扱うために開発された手法です。

特に設計仕様（例えば、温度、圧力、PH、攪拌、反応などプロセスパラメータ）から逸脱した運転を行った際の、設計からのズレ（偏差）が発

【表】HAZOPワークシート

パラメータ	偏差	影響	重大性	原因	対策
入口流量	流量なし	プロセス停止	5	配管の詰まり	フィルター設置
	流量減少	生産量低下	3	バルブの誤作動	定期点検実施

生する箇所および、そこで発生する
ハザード（影響、重大性）とその原
因を解析し、それぞれの原因から危
険事象への進展を阻止するための防
護機能と改善すべき対策を調査する
手法です。ワークシートの例を**表**に
示します。

　HAZOPの利点としては、系統的
に危険なシナリオが把握しやすい
点で、米国の連邦法であるOSH Act
（Occupational Safety and Health Act）
では、プロセスのハザード分析に用
いるべき手法の1つとしてHAZOP
を採用することを規定しています。
企業では新設時のリスク評価だけで
なく、既設の設備のリスク評価にも
使用され、設備の見直し、運転員の
教育などに利用されています。

◎ **GMP**

　Good Manufacturing Practiceの略
で、医薬品医療機器法（旧 薬事法）
で定められた医薬品および医薬部外
品の製造管理および品質管理の基準
です。日本では、1996年から義務
付けられています。

　製造する医薬品の原料の入荷段階
から、製造、出荷に至る全工程にお
いて、安全で且つ一定の品質が保た
れるよう細部にわたって規則や規

格、作業手順書などを設け、それら
をチェックし、その記録を文書とし
て残すことを義務付けている製造規
範です。現在では、化粧品、食品分
野にもこの動きが拡がっています。

◎ **GQP**

　Good Quality Practiceの略で、医
薬品医療機器法（旧 薬事法）に基
づく厚生労働省の省令で、正式名称
は「医薬品、医薬部外品、化粧品及
び医療機器の品質管理の基準に関す
る省令」です。

　医薬品、医薬部外品、化粧品およ
び医療機器の品質管理の方法に関す
る基準を定めたもので、製造販売業
の許可要件となっています。

◎ **OSHA**

　Occupational Safety and Health
Administrationの略。米国労働省の一
機関である労働安全衛生庁。1970
年「アメリカ国内で働く全ての男女
に、安全で健康な職場を提供し、人
的資源を守ることを保証する」労働
安全衛生法（OSH Act）1が成立しま
した。同12月29日、この法律により、
労働者の安全と健康を守るOSHAが
設置されました。

《リスクセンス関連用語集》

◎ M-SHEL法となぜなぜ分析法を組み合せた手法

この手法は原子力分野および航空分野の関係者の中で開発された手法で現在では多くの産業分野で使用されています。

図の通り、ミスをした人（真ん中のL）の立場に立ってM（Management）、S（Software）、H（Hardware）、E（Environment）、L（Liveware）について原因となった要因を顕在化させます。そして顕在化した要因についてなぜなぜ分析を行い、原因を究明する手法です。組織要因を含む事故や不祥事の簡便な原因究明法として多く使用されています。この手法を習得すると、エラーの要因となるM、S、H、E、Lの事象について日頃から注意が向かうようになり、エラーを未然に防ぐような対応が自然と身に付くといわれています。

◎ PHA

Preliminary Hazard Analysisの略で、今までに蓄積した経験、知識によって、将来、危害やハザードを招くおそれのある事象の特定を行い、さらに現時点で与えられている生産活動、施設、製品、システムの条件下でそれらが発生する可能性、被害の程度、改善措置を特定する手法です。PHAは開発プロジェクトの初期段階で、設計の詳細や操作手順について情報がほとんどない場合に一般的に用いられています。

◎ RCA（Rout Cause Analysis）法となぜなぜ分析法を組み合せた手法

この手法はVTA法と同じく時系列的に分析を進めます。そして問題点を抽出し、なぜなぜ分析法で因果図を作成し、対策を策定するという手法です。アメリカの退役軍人病院で成果を挙げていることから日本でも医療分野で導入が試みられています。しかし、いつもの行動から逸脱した

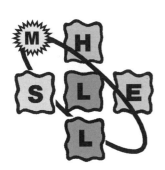

M：Management（指揮・管理など）
S：Software（手順書など）
H：Hardware（設備など）
E：Environment（温度・湿度など）
L：Liveware（対人関係）

【図】M-SHEL法

行動だけを抽出するVTA法よりも関係者の協力と時間とを多く要することから、医療分野では使い勝手の改良が進んでいて、「Medical Safer」という手法が考案されています。

◎VTA法となぜなぜ分析法を組み合せた手法

この手法は航空関係者の中で開発された手法で、建設分野で適用が始まり現在では化学業界を始めとして多くの産業分野で使用されています。

VTA（Variation Tree Analysis）法は事故や不祥事が起きるのはいつもと異なったことが起きたからとし、予め定められたいつもの常態から逸脱した事象を時系列的に抽出し、それらの事象がなぜ起きたかをなぜなぜ分析法を用いて解析し原因究明する手法です。

VTA法で原因究明を行うときは、事故や不祥事の関係者の行動を定性的ではあるが時系列的に記述することが必要であることから、多くの関係者の協力を要します。従って、どんな案件にもVTA法を適用していると現場から不満の声が出るので、適用する案件の選択には管理職の適切な判断が求められます。

VTA法に慣れるといつもと異なった行動の例に接することになり、日常においてそれらいつもと異なる行動を目にした際、注意を払うという習慣が身に付くようです。

なお、なぜなぜ分析は5段階評価まで行うことにより、より精度のある原因究明が可能となります。

◎WHAT−IF法

「もし…ならば」という仮定を繰り返すことにより、設備面、運転面での潜在危険を洗い出し、それに対する安全対策を講じることでシステムの安全を図るという手法です。不確実要素の数値を幾つかのパターンに分け、複数の不確実要素のパターンを組み合わせます。そして、組み合わせ毎に、ターゲットとなる項目の数値を計算します。その結果から、ターゲット項目の振れ幅（最小値、最大値）や、最大・最小値になる場合の不確実要素の構成を把握します。

◎4M管理

4M〔Man（人間）、Machine（機械）、Material（原料）、Method（手順・方法）〕の視点から管理する管理方法。変更管理の手法の1つとして用いられることが多いです。Mには上記のものに替わって、Media（手段）、

Management（管理）を採用する管理方法もあります。

◎安全衛生委員会

(1) 安全衛生委員会の目的

　労働災害防止の取り組みは労使が一体となって行う必要があります。そのためには、事業者は安全衛生委員会において、労働者の危険または健康障害を防止するための基本となるべき対策（労働災害の原因および再発防止対策など）などの重要事項について十分な調査審議を行う必要があります。調査審議すべき事項は、労働安全衛生法に定められている以下のような事項についてです。

　労働安全衛生法に定める安全衛生委員会は、「事業者が次の事項を調査審議させ、事業者に対し意見を述べさせるため、安全衛生委員会を設けなければならない。」と定めています。

①労働者の危険を防止するための基本となるべき対策に関すること

②労働者の健康障害を防止するための基本となるべき対策に関すること

③労働者の健康の保持増進を図るための基本となるべき対策に関すること

④労働災害の原因および再発防止対策で、安全および衛生に係るものに関すること

⑤その他、労働者の危険の防止に関する重要事項および労働者の健康障害の防止および健康の保持増進に関する重要事項

(2) 安全委員会または衛生委員会を設置しなければならない事業場

　次の基準に該当する事業場は、安全委員会、衛生委員会（または、両委員会を統合した安全衛生委員会）を設置しなければならない。

・安全委員会

(1)常時使用する労働者が50人以上の事業場で、次の業種に該当するもの

　林業、鉱業、建設業、製造業の一部の業種（木材・木製品製造業、化学工業、鉄鋼業、金属製品製造業、輸送用機械器具製造業）、運送業の一部の業種（道路貨物運送業、港湾運送業）、自動車整備業、機械修理業、清掃業

(2)常時使用する労働者が100人以上の事業場で、次の業種に該当するもの

　製造業のうち①以外の業種、運送業のうち①以外の業種、電気業、ガス業、熱供給業、水道業、通信業、各種商品卸売業・小売業、家

具・建具・じゅう器など卸売業・小売業、燃料小売業、旅館業、ゴルフ場業

• 衛生委員会

常時使用する労働者が50人以上の事業場（全業種）

※労働者数が50人未満の事業者など、委員会を設けるべき事業者以外の事業者は、安全または衛生に関する事項について、関係労働者の意見を聴くための機会を設けるようにしなければならない。（労働安全衛生規則第23条の2）

(3) 安全衛生委員会委員の構成

次のような委員をもって委員会を構成します。

①総括安全衛生管理者またはこれに準ずる者（委員会の議長）

②安全管理者および衛生管理者

③産業医

④当該事業場の労働者で、安全・衛生に関し経験を有するもの

事業者は、議長以外の委員の半数については、当該事業場に労働者の過半数で組織する労働組合があるときにおいてはその労働組合、労働者の過半数で組織する労働組合がないときにおいては労働者の過半数を代表する者の推薦に基づき指名しなけ

ればならない。

◎確認会話法

"相手に一声念押し"を奨励する手法で、トラブルや事故が続いた航空分野の企業が、再出発する際の社内のコミュニケーションを改善する手法として採用し、注目されています。

パイロット間、パイロットとキャビンアテンダントとの間、パイロットと管制官の間、さらには、乗務員と整備の人など地上職の人達との間に、伝える側の相手の人に正確に伝わったどうか、の確認、伝えられた側の伝達を受けた内容の確認、これらの確認の徹底ができていれば防ぐことができた事故が多かったことの対策として効果があったといわれています。

◎三様監査

三様監査とは、監査役監査と内部監査と会計監査の3つの監査を総称していう。3つの監査は、それぞれの監査の目的と役割は異なりますが、コーポレート・ガバナンスの充実（良質な企業統治体制の確立）を求めていることにおいては共通です。

監査の質的向上を図るために、そ

《リスクセンス関連用語集》

れぞれが独立した関係にありながら、相互に連係を強め、経営の適法性・適正性・健全性・透明性、そして継続性を確保するために実施されています。

◎チェックリスト法

　忘れてはならない項目や正しく行われているかの基準を明確にして、その項目を記載したチェックリストによってチェックすることで、重大なミスを防止するための「点検・確認」を目的としたものがあります。問題点が複雑であるとき、検討の漏れを防ぐことが可能です。また、経験の積み重ねを整理していくことで、さらに充実した内容にしていくことができます。

◎なぜなぜ分析法

　問題やトラブルが発生した際にその原因を究明するために「なぜ？」という問いを論理的に積み重ねることによって原因を掘り下げ、有効な対策を導き出す分析手法です。通常「なぜ？」を５回ほど繰り返すと真の原因が見えてきます。

◎ノンテクニカルスキル

　エラーや事故などの原因のうち、

当該のテクニカルスキル以外の原因、例えば、良くないコミュニケーションや状況認識の拙さなど、人またはチームに起因するヒューマンエラーを防止するに必要なスキルを指します。スキル向上のための研究は航空分野で進み、ノンテクニカルスキル向上活動は、次の７つのスキルの習得に重点を置いています。

　①リーダーシップ
　②コミュニケーション
　③状況認識
　④チームワーク
　⑤意思決定
　⑥疲労への対応
　⑦ストレスマネジメント

◎ハインリッヒの法則

　アメリカの損害保険会社のハーバート・ウィリアム・ハインリッヒ（Herbert William Heinrich, 1886－1962）は、同一人物が起こした同一種類の労働災害5,000件余を統計学的に調べ、「重傷」以上の災害が１件あったら、その背後には、29件の「軽傷」を伴う災害が起こり、300件もの「ヒヤリ・ハット」した（危うく大惨事になる）傷害のない災害が起きていたという「１：29：300」の法則を導きました。この数値デー

217

タに特徴があったことから「ハインリッヒの法則」と呼ばれています。さらに幾千件もの「不安全行動」と「不安全状態」が存在しており、そのうち予防可能であるものは「労働災害全体の98%を占める」こと、「不安全行動は不安全状態の約9倍の頻度で出現している」ことを約7万5,000例の分析で明らかにしています。

◎リスクアセスメント

　リスク管理プロセスに含まれるプロセスの1つ。何か計画をたて、実行する際、事前にリスクの大きさを評価し、そのリスクが計画実行の際、許容できるリスクかどうかを検討し、許容できない場合、その対策を検討するプロセス。リスクの特定、リスクの分析、リスクの評価という3つのプロセスからなります。

◎リスクスコア表

　想定したリスクをある考え方に基づいて数値化し、客観的なリスク指標として表にし、活用します。リスク別に作成します。化学系企業の経営上のリスクを数値化した例の一部を以下に示します。

◎リスクマップ

　リスクの算定結果をリスクの損害規模と発生頻度の視点で相対的にプロットした図を指します。総合化学会社のリスクマップの例を図に示します。

| リスク | リスク算定 | | 基本方針 | | 対策状況 | | | 対策優先リスク | 担当部署 |
	発生頻度	損害規模	法令遵守	人命優先	対策レベル	対策現状	課題		
個人情報漏洩	4	4	5	1	4	情報収集は適正	入退管理	★	システム
地　震	1	6	1	6	2	マニュアルが古い	マニュアル作成・普及教育	★	総務
労働関係法違反	3	2	3	3	3	一部にサービス残業あり	管理職教育	★	人事
社内ネットワーク障害	3	3	1	1	4	バックアップセンター設置	停電対策	監視	システム

《リスクセンス関連用語集》

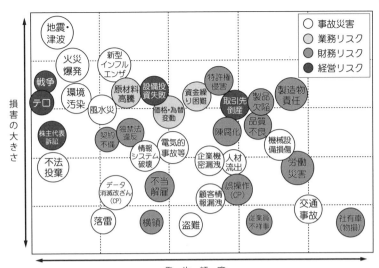

【図】リスクマップの例

【引用・参考文献】

1) 損保ジャパン・リスクマネジメント：「リスクマネジメント実務ハンドブック」日本能率協会マネジメントセンター（2010）
2) KPMGビジネスアシュアランス：「早わかりリスクマネジメント＆内部統制」日科技連出版社（2006）
3) http://www.nksj-rm.co.jp/
4) http://www.sdk.co.jp/
5) リスクセンス研究会：「個人と組織のリスクセンスを鍛える」大空社（2011）
6) リスクセンス研究会：「リスクセンスで磨く異常感知力」化学工業日報社（2015）
7) 労働安全衛生法（昭和四十七年六月八日法律第五十七号最新改訂版）
8) 石橋　明：「リスクゼロを実現するリーダー学」自由国民社（2003）

あ と が き

　事故・トラブルを未然に防止するために、「組織および個人のリスクセンスを鍛える」ことが有効であること、そしてリスクセンス検定®を受けることにより、組織あるいは個人のリスクセンスがどのレベルにあるか、自社の防護壁の状況はどうか、劣化した防護壁はないか、を確認でき、個人と組織の異常感知力を向上させることができることを紹介してきました。

　リスクセンス検定®は、Webでの受検が基本ですが、ペーパーでの受検（団体受検のみ）も可能です。気軽にリスクセンス研究会事務局へご相談ください。

　本書で紹介したように、リスクセンス研究会では、過去の多くの事故や不祥事の解析から11項目の防護壁が、私達が設定したレベル以上の状態に維持されていれば、その事故や不祥事は回避できた、あるいは減災できた可能性が高いことを検証してきました。

　健全な組織において何らかの状況の変化があり、11項目の防護壁のうち、幾つかが劣化した場合、いち早くそれら劣化に気付き、対応することが望まれます。リスクセンスのよい組織は、この気付きが早い組織といえます。

　リスクセンスを鍛え、皆様の周りおよび職場での事故や不祥事が少しでも減少することを願っています。

　2016年4月

　　　　　　　　　特定非営利活動法人　リスクセンス研究会

【編集・執筆者】

新井 充（リスクセンス研究会理事長、東京大学 環境安全研究センター 教授）

大内 功（リスクセンス研究会理事、グリーン＆セーフティ鎌倉 代表、元 損保ジャパンリスクマネジメント株式会社シニアコンサルタント、元 昭和電工株式会社環境安全部部長、多くの学協会の安全、環境およびエネルギなどの分野で幹事役として意見発信中）

小林 基男（リスクセンス研究会理事、元 株式会社菱化システム社長兼株式会社三菱ケミカルホールディングス執行役員。三菱化学株式会社（元三菱油化）の計装・プロセスコンピュータの保守・建設担当を経て情報システム部門のマネジメントを担当）

鷲 康雄（リスクセンス研究会理事、元 呉羽化学工業株式会社（現クレハ）取締役、いわき事業所製造部門長、本社技術本部長を経て、株式会社クレハ分析センター社長。その後いわき市内の中小化学会社の安全体制構築を6年間指導。リスクセンス研究は、その前身の組織行動からの失敗学研究から参加）

中田 邦臣（リスクセンス研究会副理事長、元 三菱化学株式会社理事、製造、開発・研究、エンジニアリング、保全などの部門を経て鹿島事業所副所長、鹿島動力株式会社社長。事業所勤務の際の死傷事故を経営管理職として猛省し、リスクセンス研究に発展した組織行動からの失敗学研究を提唱し推進）

索　　引

［数字］

4 M管理
　……… 21, 39, 98, 101, 102
5 S ……………… 9, 91, 92, 93
6 S …………………………92, 93

［A〜Z］

ETA ……………………… 39
FMEA ……………… 13, 21, 28
FTA ……………… 13, 21, 28
HAZOP ………… 19, 58, 199,
　　　　　　　200, 202, 205
ISO …… 2, 15, 56, 57, 59, 172
KHH ……………………… 93
Know-Why ………… 39, 198,
　　　　　199, 200, 202, 205
M-SHEL法 … 13, 21, 28, 29,
　　　　39, 170, 173, 192−196,

　　　　198, 203, 204, 205
OJT …………………………… 39
OSHA ……………………… 85
PDCAサイクル
　………………5, 10, 26, 36,
　　　　　51, 56, 57, 59,
　　　　79, 81, 82, 91, 92
PHA………………………… 39
RCA法 ………… 13, 28, 39
VTA法………………13, 21, 28,
　　　　29, 39, 170, 173,
　　　　192, 193, 198, 202
WHAT-IF法 ……………… 39

［あ］

安全衛生委員会
　…………… 29, 85, 86, 96
安全管理……………………… 50
安全配慮義務……………… 74
安全文化……………… 31, 83,

223

172, 196, 207

［か］

改善活動‥‥‥‥ 34, 86, 93, 99
外注管理‥‥‥‥‥‥‥‥ 59
確認会話法‥‥‥‥‥ 107, 110
確信犯的な行動‥‥‥‥‥‥ 9
過去の失敗に学ぶ
‥‥‥‥‥‥‥ 2, 31, 158
風通しのよい職場‥‥‥ 67, 110
仮想ヒヤリハット（KHH）
‥‥‥‥‥‥‥ 92, 93, 94
環境管理‥‥‥‥‥‥‥‥ 50
会計監査‥‥‥‥‥ 11, 15, 45,
47, 52, 53,
56, 57, 59, 183
監　　査‥‥‥‥2, 11, 15, 18,
45, 47, 48, 49,
50, 52－63, 66, 67,
137, 158, 159, 161,
175, 177－184, 191
監 査 役‥‥‥‥‥‥ 11, 45, 47,
50, 53, 56,
57, 59, 62,
181, 182, 183
管理監督の権限‥‥‥‥‥ 50

［き］

企業倫理‥‥‥‥‥ 73, 74, 175,
176, 178, 179
危険感受性‥‥‥‥‥‥‥20, 21
危険予知訓練‥‥‥‥ 92, 93, 95
擬似体験‥‥‥‥‥‥ 29, 30, 39
技術・ノウハウの伝承‥‥‥ 39
業務監査‥‥‥‥‥‥11, 15, 45,
52, 56, 57, 59
緊急時の対応‥‥‥‥‥‥‥ 21
緊急時のコミュニケーション
‥‥‥‥‥‥‥‥‥‥110

［く］

クライシスマネジメント‥‥ 21
グループ討議‥‥‥‥‥‥‥ 93

［け］

経営の透明性‥‥‥‥‥‥‥ 74
経営理念‥‥‥‥‥‥‥ 85, 178
権威勾配‥‥‥‥‥‥‥ 39, 76,
110, 112, 188
権限移譲‥‥‥‥‥‥‥‥50, 59

[こ]

公益通報者保護法
⋯⋯⋯⋯⋯⋯⋯ 64, 67, 69

行動指針⋯⋯⋯⋯⋯⋯⋯ 85

コンプライアンス
⋯⋯⋯⋯ 1, 11, 45, 46, 66,
67, 69, 72−74, 76,
77, 81, 83, 86, 137, 158,
159, 161, 174−180, 183,
184, 189, 195, 200, 205

[さ]

作業標準化⋯⋯⋯⋯⋯⋯ 93

三現主義⋯⋯⋯⋯⋯⋯⋯ 67

三様監査⋯⋯⋯⋯ 59, 62, 181

[し]

事業継続計画⋯⋯⋯⋯⋯ 21

事故解析手法⋯⋯⋯ 21, 170

事故情報・事故の
　現物などに学ぶ⋯⋯⋯ 30

事故進展フロー⋯⋯⋯⋯ 39

事故の教訓の風化⋯⋯⋯ 30

事故要因系統図⋯⋯⋯⋯ 39

下 請 法⋯⋯⋯⋯⋯⋯ 74

社会的規範⋯⋯⋯⋯⋯⋯ 74

社会の眼⋯⋯⋯⋯⋯⋯⋯ 74

集団心理⋯⋯⋯⋯⋯⋯ 110

情報の保護・管理⋯⋯⋯ 74

消防法・関連法令⋯⋯⋯ 74

職場巡回⋯⋯⋯⋯⋯⋯⋯ 31

職務権限⋯⋯⋯ 47, 48, 50, 59

人権・多様性の尊重⋯⋯⋯ 74

[す]

スイスチーズモデル
⋯⋯⋯⋯⋯⋯⋯ 7, 8 , 9, 39

水平展開⋯⋯⋯ 10, 17, 26, 30,
33, 188, 189,
200, 205, 207

[せ]

正常化の偏見⋯⋯⋯⋯⋯ 9, 110

製造物責任⋯⋯⋯⋯⋯⋯ 74

[そ]

組織事故⋯⋯⋯⋯ 3, 4, 7, 8,

225

12, 13, 15, 31,
39, 41, 64, 81
組織事故の発生モデル… 8, 9
組織要因までの原因究明… 93

[た]

第三者の目……………50, 59

[ち]

チェックリスト法………… 39
知的財産の保護…………… 74

[て]

手直しの戻りルール……… 101

[と]

独占禁止法………………… 74
匿 名 性……… 67, 124 , 146
トップのLCB11項目
への関与………………… 85
トップの率先垂範………83, 85
トップの役割……………… 85

[な]

内部監査…… 11, 45, 47−50,
52, 54, 55−57, 59, 62,
63, 66, 67, 178, 181, 182
内部監査部門………49, 50, 52,
55, 56, 57, 62
内部通報制度……… 2, 11, 45,
46, 61, 64−69, 71, 74, 76,
137, 158, 159, 161, 162,
170, 175, 177, 179, 181−
184, 187, 189, 200, 205
同制度の対象者…………… 67
内部統制の有効性………50, 52
なぜなぜ分析………13, 21, 28,
39, 170, 193, 194

[に]

二律背反………………… 83

[の]

ノンテクニカルスキル
………………… 39

［は］

ハインリッヒの法則
　………………… 8, 39, 92, 93
ハラスメント
　………………… 65, 67, 68, 74

［ひ］

非定常操作の訓練………… 39
ヒヤリハット（HH）
　………………… 2, 8, 22,
　　　　　　　　 64, 91, 93,
　　　　　　　　 94, 138, 158
ヒューマンエラー
　………………… 14, 15, 27, 28,
　　　　　　　　 37, 38, 39, 40
平等・公平…………………72, 74
品質管理………………… 50

［ふ］

部下からの信頼…………82, 85
不具合防止対策…………… 31
不正防止………………73, 74

［へ］

変更管理……… 1, 11, 56, 79,
　　　　　　 98－102, 105,
　　　　　　 138, 158, 159,
　　　　　 162, 170, 184, 195,
　　　　　 200, 204, 205, 207
変更管理のPDCA ………… 101
変更事象の周知…………… 101

［ほ］

保安力向上………………… 1, 2
防護壁モデル……… 8, 9, 12,
　　　　　　　 15, 39, 64, 93
防災訓練………… 21, 29, 31
防災・避難訓練…………… 39
法的違反の指摘…………… 67
法令遵守…… 73, 74, 83, 176
報・連・相＋反……… 11, 80,
　　　　 107, 108, 109, 110, 116
墓石安全………………29, 30
ホットライン……11, 46, 64,
　　　　　　 65, 67, 68, 178

227

［ま］

マニュアルの劣化…………　39
マンネリ化……　9, 27, 36, 37,
　　　　　　59, 91, 92, 93
マンネリ化防止…………92, 93

［み］

見える化………………　93

［め］

メール文化………………110
目　安　箱………………64, 67

［も］

目標管理………………　85
モニタリング組織
　………………　2, 10, 45,
　　　　　　47－50, 52,
　　　　　54, 137, 158, 159,
　　　　　161, 162, 179, 180,
　　　　　183, 184, 200, 205

［よ］

よいコミュニケーション
　………　1, 6, 11, 46, 66, 67,
　　　　108, 109, 157, 161

［り］

リーダーシップ
　…………　82, 85, 182, 201
リスクアセスメント
　…………　18, 21, 22, 58,
　　　　　92, 100, 101, 102
リスク管理………　1, 10, 17,
　　　　　　18, 20, 21, 23,
　　　　　24, 56, 137, 158,
　　　　　159, 161, 175, 177,
　　　　　179, 180, 183, 184,
　　　　　186, 188, 189, 195,
　　　　　199, 200, 204, 205
リスク体験・体感…………　30
リスクの顕在化と評価……　21
リスクマップ………………　21
リスクマネジメント
　………………21, 62

［れ］

レジリエンス
　エンジニアリング………　39
レスポンシブル・
　ケア検証………… 57, 58, 59

［ろ］

労働安全衛生法……… 74, 176

［わ］

ワンポイントKYT
　……………………… 92, 93, 95

229

組織と個人のリスクセンスを鍛える

リスクセンス検定®テキスト

特定非営利活動法人リスクセンス研究会　編著

2016年4月19日　初版1刷発行

発行者　織　田　島　　修

発行所　化学工業日報社

〒103-8485　東京都中央区日本橋浜町3-16-8

電話　　03（3663）7935（編集）

　　　　03（3663）7932（販売）

振替　　00190-2-93916

支社　大阪　支局　名古屋、シンガポール、上海、バンコク

HPアドレス　http://www.kagakukogyonippo.com/

（印刷・製本：平河工業社）

本書の一部または全部の複写・複製・転訳載・磁気媒体への入力等を禁じます。

©2016〈検印省略〉落丁・乱丁はお取り替えいたします。

ISBN978-4-87326-665-7　C3050